KB052998

푸른꽃

노발리스Novalis 지음
이용준 옮김

푸른꽃

노발리스 지음 이용준 옮김
1판 1쇄 발행 2023년 2월 28일

펴낸곳 사)발도르프 청소년 네트워크 도서출판 푸른씨앗
    편집 백미경, 최수진, 김기원, 안빛 번역기획 하주현
    디자인 유영란, 문서영 홍보마케팅 남승희, 이연정

    등록번호 제 25100-2004-000002호
    등록일자 2004.11.26.(변경신고일자 2011.9.1.)
    주소 경기도 의왕시 청계로 189-6 전화 031-421-1726
    페이스북 /greenseedbook 카카오톡 @도서출판푸른씨앗
    전자우편 greenseed@daum.net

greenseed.kr www.greenseed.kr

값 16,000 원
ISBN 979-11-86202-56-2 (03850)

푸른

노발리스 지음

이용준 옮김

꽃

도서출판
프ㄹ씨ㅇ
푸른씨앗

일러두기

° 각 장의 제목은 역자가 붙인 제목이다.

° 이 책은 파울 클크호온의 <NOVALIS/HEINRICH VON OFTERDINGEN>(Port Verlag, Stuttgart, 1949)을 텍스트로 삼아 번역한 것이다.

° 본문의 모든 주석은 독자의 이해를 돕기 위해 옮긴이가 옮기거나 붙인 것이다.

차례_푸른꽃

2부 실현

수도원 또는 앞마당

헌시

그대는 내 안의 고귀한 충동을 자극해
넓은 세계의 영혼을 깊이 들여다보게 해 주었지.
손을 뻗어 나를 잡아 준 그대의 신뢰가
어떤 폭풍우에도 나를 지탱해 주었지.

그대는 예지로 어린아이를 보살피며
그와 함께 동화 같은 초원을 뚫고 다녔지.
그대 가장 마음씨 상냥한 여인의 원형原形으로
젊은이의 마음을 지고한 활기로 떠다니게 했지.

무엇이 나를 지상의 고통에 묶어 놓았을까?
내 가슴과 생명은 영원히 그대의 것인데
그렇게 당신의 사랑이 지상에서 나를 보호해 주는 것이겠지.

나 그대를 위해 이 한 몸 고귀한 예술에 바치고 싶건만
그러니 그대, 연인이여, 나의 뮤즈가 되고
내 문학의 조용한 수호신[01]으로 머물러 주시길.

영원한 변신變身 가운데 우리를 맞아 준 건
이 지상에서 노래의 내밀한 힘이었지.
이곳에서 그 힘이 젊음으로 우리를 휘감아 도는 동안
저곳에서 영원한 평화로 그 나라를 축복했지.

우리 눈에 빛을 가득 부은 노래의 힘이
우리에게 모든 예술 감각을 나눠 주었지.
그리고 그 힘은 도취한 듯한 경건함 속에서
기쁘거나 지친 마음을 놀랍도록 향유했지.

그녀의 풍만한 가슴에서 생명을 마시며
그녀를 통해 모든 것, 지금의 내가 되었으니
기뻐하며 내 얼굴을 쳐들어도 좋으리라.

지극히 높은 내 감각이 단잠에 취해 있을 때
그때 나는 그녀가 천사 되어 내게 다가오는 것을 보았고
깨어나 그녀의 품속으로 날아들었네.

1부

기대

1장

이방인과 꿈, 푸른꽃

부모님은 이미 자리에 누워 잠이 들었고, 벽시계는 단조로운 박자로 똑딱댔으며, 덜컹대는 창문으로 바람이 불어왔다. 방은 달의 미광微光에 밝아지기도 하고 어두워지기도 했다. 젊은이는 잠자리에 누워 뒤척이며, 이방인과 그가 들려준 이야기들을 생각했다. 그는 중얼거렸다.

'내 안에 이토록 말할 수 없는 욕구를 일깨우는 것은 보물이 아니야. 탐욕은 나와 거리가 멀거든. 그렇지만 그 푸른꽃[02]은 꼭 한번 보고 싶어 못 견디겠어. 그 꽃은 내 감각 속에 계속 머물러 있어서, 다른 것에 대해서는 글을 쓰거나 생각할 수가 없어. 이런 기분은 전에 없던 거야. 마치 방금 꿈이라도 꾸었거나, 잠이 들어 다른 세계로 미끄러져 들어가기라도 한 듯이 말이야. 내가 지금까지 살고 있는 이 세계에서는 누가 꽃들에 대해 관심을 기울이기나 하겠어. 게다가 한 송이 꽃에 대한 특이한 정열에 관해선 전혀 들어본 적도 없단 말이지. 도대체 그 이방인은 어디서 왔단 말인가? 우리들 어느 누구도 여태껏 어떤 비슷한 사람도 본 적이 없었잖아. 그런데 왜 나만 그의 이야기에 그렇게 감명을 받았는지 모르겠단 말이지. 다른 사람들도 지금껏 그와 같은 것을 들었겠지만 그 누구에게도 이런 일은 벌어지지 않았어. 이 놀라운 상태에 대해서는 한 마디도 할 수가 없는걸! 종종 아주 황홀할 정도로 행복해. 그런데 그 꽃을 제대로 떠올리고 있지 않으면 깊은 내면에서 커다란 동요가 나를 엄습해. 하지만 아무도 그것을 이해할 수 없고 앞으로도 그럴 거야. 그렇게 분명하고 밝게 보고 생각하지 못한다면 나는 미쳐버릴 테지만, 사실 그때 이후로 이 모든 것에 훨씬 익숙해졌어. 언젠가 고대에 대해서 말하는 것을 들은 적이 있는데, 그때는 동물과 나무와 암석들이 인간과 이야기를 나누기도 했다지. 마치 그것들이 언제라도 뭐라고 말을 시작할 것만 같아. 또한 그것들이 무엇을 말하고 싶은지 알 수도 있을 것 같아. 내가 미처 알아채지 못한 많은 말이 있을 테지. 내가 더 많이 알고 있다면 모든 것을 훨씬 더 많이 이해할 텐데. 그렇지만 나는 춤을 추고 싶어. 지금 나는 음악에 더 끌리거든.'

젊은이는 점차 달콤한 환상 속으로 빠지다 잠이 들었다. 그러자 멀리 떨어진 광대한 곳에 관한, 또 거칠고 낯선 지역에 관한 꿈을 꾸었다. 믿기 어려울 정도로 가볍게 바다 위를 방랑하고,

특이한 동물들을 보았다. 그는 전쟁터에서, 거친 소용돌이 속에서, 조용한 움막에서 다양한 사람들과 살았고, 포로가 되어 가장 치욕적인 곤경에 빠지기도 했다. 모든 감정이 그의 내부에서 알 수 없는 높이로 격앙되었다. 그는 끝도 없는 다양한 삶을 살고, 죽었다가 다시 살아나기도 하고, 최고조의 정열에 이르도록 사랑하고, 연인과 영원히 헤어졌다.

마침내 아침이 되자 여명이 밝아지면서, 영혼은 더 평온해지고, 사물들의 모습도 점차로 명확해졌다. 마치 어두운 숲속에서 혼자 걷고 있는 듯, 아주 드물게 녹색의 그물을 뚫고 햇살이 가물거렸다. 곧 그는 산 위까지 치솟은 바위 절벽 앞에 이르렀다. 오래전 폭풍우에 아래로 굴러 떨어진 이끼 낀 돌들 위로 기어올라야만 했다. 그가 더 높이 올라갈수록 숲은 더 성글어졌고, 마침내 산비탈에 놓여 있는 작은 초원에 이르렀다. 뒤쪽에는 높은 절벽이 솟아 있고, 발치에 암벽을 깎아 만든 통로의 시작인 것처럼 보이는 입구가 있었다. 그 통로를 따라 커다란 광장에 이를 때까지 한동안 편안하게 나아갔다. 그곳에서 멀리 떨어진 곳으로부터 밝은 빛이 반짝였다. 그 안으로 들어서자, 강력한 광선이 느껴졌다. 그것은 마치 분수처럼 터져 나와 동굴 천장까지 치솟아 수많은 불꽃으로 분산되었다가 아래쪽에 있는 커다란 연못 같은 곳에 모여들었다. 광선은 불타는 황금처럼 반짝였다. 아주 작은 소음조차 들리지 않는 성스러운 정적이 놀라운 광경을 감쌌다. 그는 무한할 정도로 다양한 색깔로 물결치고 진동하는 연못으로 다가갔다. 액체는 차가웠는데, 그 액체가 동굴 벽을 뒤덮고 있었다. 벽에서는 광택 없는 푸른 빛만이 발산될 뿐이었다. 그는 연못에 손을 담그고 입술을 축였다. 마치 정신적인 입김이 그를 관통하는 듯했고, 원기가 강화되는 게 느껴졌다. 물에 몸을 담그고 싶은 저항할 수 없는 욕구에 사로잡혔다. 그는 옷을 벗고 연못 안으로 들어갔다. 마치 석양의 구름이 그를 둘러싸는 것처럼 느껴졌다. 숭고한 감정이 그의 내면에 넘쳐흘렀다. 내적인 환희와 함께 무수한 생각이 뒤섞였다. 새롭고, 결코 보지 못했던 형상들이 생겨났는데, 그것들 역시 서로 뒤엉켜 흐르다가 그의 주위에서 확연한 모습으로 변해갔다. 그리고 사랑스러운 물의 원소들이 마치 부드러운 여인의 가슴처럼 그에게 달라붙었는데, 순간적으로 그 거대한 물결이 매력적인 소녀들이 녹아든 것처럼 보였다.

그는 황홀함에 취했지만, 그래도 모든 인상을 잘 간직하고, 연못에서 나와 암벽 사이로 흘러들어 가는 반짝이는 강물을 따라 유유히 헤엄쳤다. 형언할 수 없는 사건들이 꿈속에서도 꿈결 같았다. 다른 빛이 그를 잠에서 깨웠다. 그는 샘물가의 보드라운 잔디밭 위에서 정신을 차렸다. 이 샘은 공중으로 치솟아 올랐다가 다시 그 속에서 사그라드는 듯했다. 다채로운 광맥의 검푸른 암석들이 약간 떨어진 곳에 솟아 있었다. 햇살은 평소보다 밝고 따뜻했으며, 짙은 푸른색을 띤 하늘은 완전히 개어 있었다. 그러나 그를 한껏 매혹시킨 것은 키가 큰 연푸른 색의 꽃이었다.

그 꽃은 샘물가에 있었고 넓고 반짝거리는 잎사귀들이 그의 몸을 스쳤다. 그 푸른꽃 주변으로 온갖 색의 무수한 꽃이 피어 있고, 향기로운 냄새가 공기를 채웠다. 그는 푸른꽃 외에는 아무것도 볼 수 없었다. 형언하기 어려울 정도로 부드럽게 오랫동안 그것을 바라보았다. 마침내 그가 가까이 다가가려 하자, 푸른꽃이 갑자기 움직이더니 변하기 시작했다. 잎사귀들은 더욱 반짝거렸고, 자라고 있는 줄기에 꼭 달라붙었다. 푸른꽃은 그를 향해 머리를 숙이고, 꽃잎들은 푸른색의 넓은 옷깃 모양을 만들어 냈는데 그 속에서 부드러운 얼굴 같은 것이 아른거렸다. 그의 달콤한 놀라움은 독특하게 변신해 가는 모습에 따라서 확장되어 갔다. 그때 어머니의 목소리가 그를 깨웠다. 그는 이미 아침햇살이 금빛으로 물들인 부모님의 방에 누워 있었다. 너무 황홀해서, 이러한 방해에 아무런 준비가 되어 있지 않았다. 하지만 그는 어머니에게 상냥하게 아침 인사를 전하며 그녀의 진심 어린 포옹에 답했다.

"이 잠꾸러기야, 내가 얼마나 오랫동안 여기 앉아서 줄질을 하고 있었는지 아니?"

아버지가 말했다.

"너 때문에 망치질 한 번 하지 못했어. 네 어머니는 사랑스런 아들이 잠자게 내버려 두고 싶어 하더구나. 나는 아침 식사에서도 너를 기다려야 했어. 현명하게도 너는 가르치는 것을 업으로 선택했으니 우리는 깨어나서 일을 해야지. 그런데 내가 들은 바로는, 유능한 학자는 현명한 선조들의 위대한 업적을 연구하기 위해서 밤에도 쉬지 않는다는구나."

"사랑하는 아버지."

하인리히가 대답했다.

"늦잠 잔 것을 너무 나무라지 마셔요. 제가 늦잠 자는 게 흔한 일은 아니잖아요. 늦게 잠이 들어서 뒤숭숭한 꿈을 많이 꿨는데, 나중에는 오랫동안 잊지 못할 멋진 꿈을 하나 꿨어요. 그것은 단순한 꿈이 아니었어요."

"사랑하는 하인리히"

어머니가 말했다.

"너는 분명 몸이 아프거나, 혹은 어제 저녁 기도할 때 딴 생각을 한 게구나. 오늘 좀 달라 보이는데 뭘 좀 먹고 마시려무나, 그러면 잠이 깰 테지."

어머니는 밖으로 나가고, 아버지는 하던 일을 계속하면서 말했다.

"많이 공부한 분들이 뭐라고 생각하든, 꿈은 물거품이란다. 그런 쓸데없고 해로운 생각에 대한 마음을 버리면 너도 좋아질 게다. 신령스런 꿈을 꾸던 시절은 지나갔고, 그게 성경이 말하는 선택된 사람들에게 어떤 기분이었는지 우리는 파악할 수 없거나, 앞으로도 그럴 수 없을 게다. 그 당시만 해도 꿈은 달랐을 게 분명해. 사람들의 일처럼 말이다.

우리가 살고 있는 세계에서는 하늘과의 직접적인 교류는 결코 일어나지 않아. 오래된 이야기와 자료들이, 초자연적인 세계에 관한 인식을 할 수 있는 유일한 원천이란다. 우리가 필요로 한다면 말이지. 이제 성령은 저 명확한 계시 대신 더 현명하고 훌륭한 사람들의 오성을 통해, 또 경건한 사람들의 생활방식이나 운명을 통해 우리에게 간접적으로 말을 건네지. 오늘날의 기적들이 나를 결코 위로한 적도 없고, 성직자들이 이야기해 주던 위대한 행위를 나는 믿은 적도 없어. 그러나 그런 것에서 감동을 받고자 한다면 그게 누구든 자신의 신념에 휘둘리지 않도록 하는 게 좋을 게다."

"그런데 사랑하는 아버지, 아버지는 무슨 근거로 그렇게 꿈에 대해 반대하시죠? 꿈의 놀라운 변신과 경쾌하고 다정한 본성은 우리의 사고에 분명히 도움을 줄 텐데 말이죠? 모든 꿈은 얽히고설킨 것일지라도 특이한 현상이고, 또 수천 겹으로 우리들의 내면에 스며든, 내밀한 커튼 속의 의미심장한 틈새 아니던가요? 이런 생각을 할 때도 신의 섭리 같은 것이 아닌가 생각할 필요도 없을 테고 말이죠. 가장 지혜로운 책들 속에서 믿을 만한 사람들의 수많은 꿈 이야기를 찾아보시거나, 근래에 궁정 신부님이 이야기해 주신 꿈이나 아버지에게 유별났던 꿈을 떠올려 보시는 건 어때요?

그러나 그런 이야기가 없어도 만일 생전 처음으로 꿈을 꾼다면, 아버지는 놀라지 않을 수 없을 테고, 우리에게 그저 일상이 되어 버린 이 사건의 경이로움을 분명히 부인하지는 못 할 겁니다. 내게 꿈은 일상의 규칙과 습관에 대항하게 해 주는 방어벽인 듯, 또는 구속받고 있는 환상의 자유로운 회복인 듯 여겨져요. 그렇게 환상이 회복되면 일상의 모든 형상을 뒤섞어 놓을 수 있고, 성숙한 인간의 한결같은 진지함은 즐거운 아이들의 놀이를 통해 차단할 수 있겠죠. 꿈이 없다면 우리는 훨씬 더 빨리 늙을 테지요. 그게 직접적으로 주어지지는 않을지라도 우리는 꿈을 신성한 선물로, 성묘聖墓로 가는 순례길의 다정한 동반자로 여길 수 있겠죠. 내가 지난밤에 꾸었던 꿈은 분명 내 인생에 있어서 엄청난 사건이에요. 왜냐하면 그 꿈이 커다란 바퀴처럼 내 영혼으로 굴러들어 와서, 영혼을 힘찬 동요로 몰아치는 듯했기 때문이에요."

아버지는 다정하게 미소 짓더니, 막 방으로 들어온 어머니를 보고 말했다.

"여보, 하인리히는 자기가 이 세계에 태어난 그 시간을 잊을 수 없는가 보오. 이 애 말 속에는 내가 그 당시에 로마에서 가져와, 우리의 결혼 첫날밤을 빛내 준 남방의 독한 포도주 냄새가 진동을 하는 구려. 그 당시 나는 완전히 다른 사람이었지. 남방의 공기가 나를 녹여 냈고, 나는 용기와 소망으로 넘쳐흘렀지. 당신 역시 정열적이고 멋진 처녀였어. 우리는 당신의 아버님 댁에서 멋진 시간을 보내기도 했지. 악사와 가수들이 도처에서 몰려들었고, 오랫동안 아우크스부르크에서는 그보다 더 흥겨운 결혼식은 없었을 게요."

"조금 전에 당신이 꿈에 대해 얘기했잖아요."

어머니가 말했다.

"예전에 내게 말해 준, 당신이 로마에서 꾸었다던 꿈, 아우크스부르크로 와서 내게 청혼하고자 하는 생각을 갖게 했던 그 꿈에 대해서 기억해요?"

"적절하게 상기시키는구려."

아버지가 말했다.

"그 당시에 아주 오랫동안 몰두해 있던 특이한 꿈에 대해 완전히 잊고 있었군. 그래도 바로 그 꿈이야말로 내가 꿈에 대해 말하는 것의 증거지. 더 질서정연하고 생생한 꿈을 꾸는 것은 불가능해. 아직도 모든 상황을 아주 분명하게 떠올릴 수 있거든. 그런데 그 꿈의 의미는 무엇이었을까? 내가 당신에 대한 꿈을 꾸고 곧바로 당신을 갖고 싶다는 동경憧憬에 사로잡힌 것은 아주 자연스러운 일이었어. 이미 당신을 알고 있었거든. 다정하고 사랑스러운 당신이라는 존재가 처음부터 나를 강렬하게 사로잡았다오. 오직 외지로 떠돌고 싶은 열망만이 당신을 소유하고자 하는 내 바람을 억눌렀을 텐데, 꿈을 꿀 당시 그 호기심은 꽤 진정되었고 그래서 당신을 향한 마음이 성과를 볼 수 있게 된 거요."

"우리에게 어서 그 희한한 꿈 이야기 좀 해 주세요"

아들이 재촉했다.

"어느 날 저녁이었어."

아버지가 이야기를 시작했다.

"나는 여기저기를 쏘다니고 있었단다. 하늘은 맑고, 달은 오래된 기둥과 벽에 창백하고 두려운 빛을 드리우고 있었지. 친구들은 처녀들의 뒤를 쫓고 있었고, 향수와 사랑이 나를 들판으로 몰고 갔어. 갈증을 느낀 나는 포도주나 우유를 청하기 위해 처음 본 멋진 집에 들어섰지. 한 노인이 밖으로 나왔는데, 처음에는 나의 방문을 의심스러워하더구나. 나는 내가 원하는 것을 설명했단다. 그러자 그는 내가 외국인이며, 또 독일인이라는 것을 알게 됐고, 나를 친절하게 방까지 안내하고 포도주 한 잔을 가져다주었어. 내게 자리를 권하고, 직업에 대해서 묻더구나. 그 방은 책과 골동품들로 가득 차 있었고, 우리는 흥미로운 이야기에 시간 가는 줄 몰랐어. 그는 오랜 시간 화가와 조각가, 시인들에 대해 말해 주었는데 결코 들어 본 적이 없는 이야기였지. 나는 새로운 세계에 발을 딛게 된 것처럼 느껴지더구나. 그는 인장석印章石과 다른 오래된 예술 작품들도 보여 주었어. 그러고 나서 열광적으로 멋진 시들을 낭독해 주었지. 그렇게 시간이 눈 깜짝할 사이에 지나갔어. 그 밤에 나를 채웠던 다채롭게 뒤범벅된 놀라운 생각과 감정을 떠올리자니, 지금도 마음이 밝아지는구나. 그는 이교도의 시대에 대해 훤히 알고 있었고, 그 까마득한 고대로 열렬히 돌아가고 싶어 했지. 마침내 그가 다른 방으로 나를 안내했고 나는 그 방에서 남은 밤을 보내야 했단다. 돌아가기엔 너무 늦어 버렸던 거지.

나는 곧 잠이 들었는데, 마치 고향 도시에서 성문 밖으로 산

책을 하고 있는 듯했어. 뭔가 할 일을 하기 위해 어디론가 가야만 하는 것처럼 느꼈지. 그러나 어디로 가야 그 일을 잘 처리할 수 있을지 모르겠더구나. 나는 다시 서둘러 하르츠 지역으로 가는데, 신랑이 되어 결혼식장으로 향하고 있는 것 같았어. 나는 길이 난 곳으로만 가지 않고, 계속해서 들판으로 계곡과 숲을 지나갔고, 곧 높은 산[03]에 이르렀지. 산 아래로 황금빛 초원이 펼쳐져 있고, 주변 가까이로는 어떤 산도 조망을 가로막지 않아 어디서나 튀링겐을 굽어볼 수 있었지. 맞은편에는 하르츠 지역이 시커먼 산들과 함께 놓여 있었는데, 수많은 성과 수도원, 마을이 보이더구나. 마음이 편안해졌어. 그러자 내가 잠이 든 집의 노인이 생각났는데 그 사람 집에 머물렀던 게 상당히 오래전에 벌어졌던 일로 여겨졌어. 곧 나는 산속으로 나 있는 층계를 하나 발견했고, 아래로 내려갔지.

오랜 시간이 지나 커다란 동굴에 들어섰는데, 그곳에 긴 옷을 입은 한 백발노인이 철제 탁자를 앞에 두고 앉아 있더구나. 노인은 자신의 앞에 있는 대리석으로 깎아 만든 아름다운 소녀를 꼼짝도 않고 바라보고 있었어. 그의 긴 수염은 철제 탁자를 뚫고 내려와 자신의 발을 덮었지. 그는 진지하면서도 친절해 보였는데, 그날 저녁에 잠이 든 그 노인의 집에서 본 오래된 두상頭像처럼 보였어. 한 줄기 밝은 빛이 동굴 안에 퍼졌고 그렇게 서서 그 백발노인을 바라보고 있는데, 집주인이 갑자기 내 어깨를 치더니 손을 잡고 긴 복도를 따라 데리고 가는 거야. 잠시 후에 멀리서 여명을 보았는데, 동이 트려는 것이었어. 나는 서둘러 달려간 단다. 그런데 어느새 푸른 초원 위에 서 있더라구. 모든 것이 튀 링겐과는 완전히 달라 보였어. 반짝이는 커다란 잎사귀를 가진 어마어마하게 큰 나무들이 주변에 넓게 그림자를 펼치고 있고, 공기는 매우 뜨거웠지만, 무덥지는 않았어. 곳곳에 샘물과 꽃이 있었는데, 그 꽃들 중에 하나가 특히 내 마음에 쏙 들었지. 다른 꽃들이 그 꽃을 향해 몸을 기울이는 것처럼 보였거든."

"아하, 그 꽃이 무슨 색이었는지 말씀해 주세요."

아들이 격렬한 몸짓으로 물었다.

"그건 생각이 안 나는구나. 그 밖에 다른 것들은 세세하게 기억이 나는데 말이다."

"푸른색은 아니었나요?"

"그럴 수도 있지."

아버지는 하인리히가 보인 특이한 열의에 아랑곳하지 않고 말을 이었다.

"나는 이루 말할 수 없는 지경에 이르렀고, 그때까지 나를 안내한 사람을 향해 몸을 돌리지 않았다는 것만 기억이 나는구 나. 마침내 그를 향해 몸을 돌렸을 때, 그가 나를 주의 깊게 바라 보고 있으며, 내면에서 우러나오는 기쁨으로 미소를 지어 보이 고 있다는 것을 알아차렸지. 내가 그곳에서 어떻게 떠나왔는지 기억해 낼 수가 없구나. 나는 다시 산꼭대기에 있었고, 옆에 서 있던 동행이 이렇게 말하는 거야. "당신은 세계의 기적을 본 거요. 이 세계에서 가장 행복한 존재가 되고, 그것을 넘어 유명한 사람이 되는 것은 당신 손에 달려 있지요. 내가 당신에게 말하는 것을 잘 기억해 두시오. 성 요한의 날 저녁에 이곳에 다시 와서, 신에게 진심으로 이 꿈의 해몽을 빌면, 당신에게 최고의 복이 내릴 것이오. 당신이 여기 위에서 보게 될 푸른꽃에만 집중하고, 그 꽃을 꺾으시오. 그 다음엔 고분고분하게 하늘의 인도에 맡기도록 하시오."

그러고 나서 나는 꿈속에서 훌륭한 형상과 인물들 가운데 있었고, 끝없는 시간이 눈앞에서 다양하게 변화된 모습으로 어른거리며 지나갔지. 혀가 풀리더니 내가 말하는 것이 음악처럼 울리는 거야. 그런 다음 다시 모든 것이 어둡고 협소하고 평범해져 버렸어. 나는 앞에 있는 네 어머니를 정답고, 수줍어하며바라보았지. 그녀는 빛이 나는 아기를 팔에 안고 있었어. 그녀가 그 아기를 건네주었는데, 그때 갑자기 그 아기가 자라나더니 점점 더 밝게 반짝거렸지. 그러고는 마침내 눈부시도록 하얀 날개를 펼치고 위로 날아오르더니, 우리 둘을 팔에 안아 들고는 함께, 지구가 아주 솜씨 좋은 조각품이 새겨진 금빛 쟁반처럼 보일 만큼 높게 날아올랐어. 그 다음에 저 푸른꽃과 산, 백발노인이 다시 나타났다는 것만 기억나는구나. 그러고 나서 바로 잠에서 깨어났을 때, 격렬한 사랑에 요동치는 느낌이 들었지. 나는 환대해 준 집주인과 헤어졌단다. 그는 내게 몇 번이나 다시 방문해 달라고 부탁했고 나는 그렇게 하겠노라고 약속했지. 내가 곧 로마를 띠나 서둘러 아우크스부르크로 여행하지 않았더라면 약속을 지켰을 텐데 말이다."

2장

아리온 동화

성 요한절이 지나갔다. 하인리히의 어머니는 오래전부터 한 번은 친정 아버지가 계신 아우크스부르크로 가고 싶었다. 아버지에게 아직도 보여 드리지 못한 사랑스러운 손자를 데리고 가야 했다. 아버지의 좋은 친구들인 몇몇 상인이 그곳에 가야 할 일이 생기자 어머니는 이 기회에 바라던 일을 실행하고자 결심했다. 그 일은 내내 그녀의 마음속에 정해 둔 일이었다. 하인리히가 얼마 전부터 훨씬 조용해진 데다 예전보다 더 수심에 잠겨 있는 것을 눈치챘기 때문이다. 그녀는 그가 우울해하거나 혹은 병이 들었다고 생각해, 새로운 사람들을 만나고 여러 지역을 구경하는 장거리 여행을 하는 게 좋을 거라고 보았다. 그녀는 속으로 젊은 처녀들의 매력적인 자태가 아들의 울적한 기분을 멀리 쫓아내서, 그가 다시 예전처럼 적극적이고 낙관적인 사람이 될 수 있지 않을까 기대했다. 하인리히의 아버지는 어머니의 계획에 동의했고, 하인리히도 아우크스부르크에 가게 된 것이 무척 기뻤다. 그곳은 이미 오래전에 그의 어머니와 수많은 여행객들에게서 이야기를 들어 마치 지상의 낙원처럼 여겨졌으며 종종 가기를 바랐지만 가 보지 못하고 있던 곳이었다.

하인리히는 이제 스무 살이 되었다. 그때까지도 그는 고향[04]의 주변 지역 밖으로 나가 본 적이 없었다. 세계는 그에게 그저 이야기를 통해서만 알려져 있었다. 그의 시야에 들어온 책도 거의 없었다. 방백方伯 같은 귀족들의 궁정 생활이라고 해 봤자, 그 당시의 관습에 따라 소박하고 조용했다. 군주들의 호화스러움과 편리함조차도, 훗날 유복한 사람들이 자신과 가족들에게 별 사치 없이 제공할 수 있는 안락함에 견줄 바가 못 되었다. 그 대신 생활에 다양하게 사용하는 생활용품이나 집기들은 한층 더 섬세하고 정교했다. 이런 물건들은 사람들에게 더 가치 있고 특별했다. 자연의 비밀과 사물들의 기원이 예감으로 가득 찬 마음을 매료시켰다. 그렇듯 독특한 가공 기술과 낭만적 원경遠境(그런 아득한 시공간적 거리감에서 사람들은 물건을 획득한다), 또 그것에서 볼 수 있는 유적의 성스러움은 생활의 말 없는 동반자들에 대한 애착을 드높여 주었는데, 왜냐하면 그것들이 더 세심하게 보존되면 종종 수 세대에 걸친 유물이 되기도 하기 때문이다. 그것들은 또한 특별한 축복과 운명의 성스러운 표적의 지위로까지 드높여지기도 했고, 모든 왕국과 멀리 흩어진 가문의 안녕이 그것들의 유지에 달려 있었다.

가난도 애교로 여겨지던 시대에는 독특하면서도 진지하고 순수한 소박함은 나름 미덕이었다. 귀해서 보기 쉽지 않은 보물들은 이러한 여명 속에서 더욱 의미심장하게 빛났고, 분별 있는 마음을 놀라운 기대로 충족시켜 주었다. 빛과 색깔, 그림자의 절묘한 분배가 가시적인 세계의 숨겨진 훌륭함을 계시하고, 새롭고 더 높은 안목을 열어 주는 것처럼 보이는 게 사실이라면, 그 당시에는 도처에서 그러한 분배와 효율성이 포착되었다. 그것에 반해서 최근의 더 유복한 시대는 일상적인 나날의 단조롭고 의미 없는 상을 보여 주고 있다. 모든 과도기에는 중간 영역에서처럼, 더 높은 정신적인 힘이 발현하고자 하는 듯 보인다. 지하나 지상에 보물이 매우 풍부한 험준하고 황량한 원생 암층과 무한한 평야 사이의 중간 지역이 사람들의 거주지인 것처럼, 야만의 날 것 그대로의 시대와 예술적이고 박식하고 풍요로운 시대 사이에는, 소박한 의상 아래 더 고귀한 형상을 숨기고 있는, 심오하고 낭만적인 시대가 자리 잡고 있었다. 밝은 가운데 어둠이, 어두운 가운데서도 밝음이 더 숭고한 그림자와 빛깔 속에서 부서지는 황혼녘에 산보하는 것을 그 누가 꺼리겠는가? 따라서 우리는 하인리히가 살던 시절로, 이제 새로운 사건 속으로 기꺼이 부푼 마음으로 침잠해 보고자 한다. 하인리히는 그의 친구들과 그의 풍요로운 재능을 알아본, 스승인 늙고 지혜로운 궁정 신부님과 작별했다. 스승은 그를 감동적인 마음과 조용한 기도로 떠나보냈다. 방백 부인은 그의 대모였다. 그는 바르트부르크에 있는 그녀의 집에 종종 들르곤 했었다. 이번에도 후견인인 그녀를 찾아가 작별 인사를 했다. 그녀는 금 목걸이를 선물하며, 훌륭한 조언과 함께 친절하게 그를 배웅했다.

하인리히는 고향과 아버지를 떠난다는 사실이 슬퍼졌다. 그제서야 그에게 이별이 무엇인지 분명해졌다. 이번 여행이 그에게는 처음으로 지금까지의 세계가 그로부터 떨어져 나가 낯선 연안에 떠밀려 온 듯했을 때 느끼게 마련인 별난 감정이 동반되지는 않았다. 지상의 것들(경험이 많지 않은 마음에 불가피하고 필수 불가결하며, 가장 진기한 존재와 견고하게 얽혀 있어서 바로 이 존재처럼 분명 변하지 않을 것이라고 여겼던)이 무상無常하다는 것을 처음 경험했을 때 겪는 슬픔은 정말 끝이 없었다. 최초의 이별은 죽음을 알리는 최초의 통보처럼 잊히지 않은 상태로 머물며, 그것은 한밤의 유령처럼 오랫동안 사람들을 불안하게 만든 후에, 마침내 나날의 현상에 대한 기쁨이 감소하고 영속적이고 확실한 세계에 대한 동경이 커져 갈 때 친절한 안내자요 다정한 친구가 된다. 어머니가 가까이 있다는 사실이 젊은이에게 크게 위안이 되었다. 오래된 세계는 아직 완전히 사라진 것처럼 보이지는 않았고, 그는 그 세계를 한층 깊어진 애정으로 감싸 안았다.

여행자들은 아침 일찍 아이제나흐의 성문에서 말을 타고 출발했다. 여명이 하인리히의 감상적인 기분을 위로해 주었다. 날이 밝아 올수록, 새롭고 낯선 지역들이 시야에 더 두드러졌다. 높은 곳에 올라서서 떠나온 풍경이 떠오르는 태양으로 갑자기 밝아지자, 이 생각 저 생각이 우울하게 뒤섞이는 가운데 당황한 젊은이의 내면에서 오래된 멜로디가 갑자기 생각났다. 그는 자신이 먼 여행을 시작하는 문턱에 있다는 것을 알았다. 그곳은 그가 종종 이유 없이 올라 먼 곳을 바라 보며 기묘한 색깔로 꿈을 그리던 산등성이었다. 이제 그는 거대한 푸른 물결에 몸을 담그려 하고 있다. 놀라운 꽃이 그 앞에 서 있었다. 그는 오랜 방랑에서 되돌아올 때 느낄 법한 예감으로 떠나온 튀링겐을 바라보았다. 그 예감은 이제 그가 향해 갈 먼 곳으로부터 고향으로 돌아오는, 또 그가 다가가고 있는 그곳이 실제로는 바로 고향이기라도 한 듯한 느낌이었다.

처음에는 비슷한 이유로 입을 다물고 있던 일행들이 점차로 깨어나서, 다양한 대화와 이야기로 무료함을 달래기 시작했다. 하인리히의 어머니는 아들이 몽상에 잠겨 있는 것을 보았다. 그것으로부터 그를 끄집어내야 한다고 생각한 그녀는 그에게 아우크스부르크와 외할아버지의 집, 슈바벤에서의 즐거운 삶에 대해 이야기하기 시작했다. 상인들도 끼어들어, 어머니의 이야기에 힘을 실어 주고 외할아버지인 슈바닝의 환대와 어머니의 아름다운 동향 처녀들을 칭찬하는 일을 멈추지 않았다.

"아들을 그곳으로 데리고 가는 것은 아주 잘 하시는 일입니다."

그들이 이어 말했다.

"사모님의 고향 풍습은 온화하고 호의적이랍니다. 그곳 사람들은 쾌적함을 누리면서도 유익한 일을 도모할 줄 알지요. 누구나 자신의 욕구를 사교적이고 매력적인 방식으로 충족시키려고 애씁니다. 상인들도 그곳에서는 잘 지내고 존경을 받지요. 기술과 수공업이 증대하고 향상되고 있답니다. 부지런한 사람에게 노동이 더 부담 없이 여겨지는데, 그 이유는 노동이 수많은 편리함을 마련해 주고, 그들이 단조로운 노고를 떠맡고 있는 동안에 다양하고 보수가 좋은 업무가 맺는 다채로운 열매를 함께 누릴 것이 확실하기 때문이지요. 돈과 일, 상품이 서로 상호적으로 산출되고, 빠른 순환 속에서 움직입니다. 그러니 시골과 도시가 동시에 번창하지요. 생업을 위해 낮에 열심히 일할수록 저녁은 그만큼 더 아름다운 예술과 사교적인 교류의 매력적인 즐거움을 위해 보낼 수 있게 되는 것입니다.

정서는 휴식과 변화를 바라는데, 도대체 어디서 이것을 자유롭게, 그 고상한 힘과 조형적인 통찰력을 갖춘 작품들에 열중할 때보다 더 적절하고 매력적인 방식으로 구할 수 있을까요. 어디서도 그처럼 멋진 시인들의 노래를 들을 수 없고, 그토록 훌륭한 화가를 찾을 수 없고, 그 어느 무도회장에서도 그 이상 경쾌한 동작과 사랑스러운 모습을 보지 못할 겁니다. 남방의 라틴 민족들을 이웃하고 있다는 게 강요받지 않은 거동과 호소력 있는 대화 속에 여실히 드러나는 것일 테지요. 사모님의 가문은 화려한 사교 생활 속에서, 후문에 대한 두려움 없이 우아한 몸짓으로 주의를 끌고자 하는 왕성한 경쟁심을 자극하지요. 남자들의 자연스러운 진지함과 거친 방종은 부드러운 활력과 온화하고 자제된 기쁨에 자리를 내주며, 사랑은 수천 겹의 모습으로 행복한 사교 모임에서 주도적인 정신이 되지요. 그렇게 됨으로써 탈선과 무엄한 원리들이 그 자리에 끼어들 틈이 없을 테고, 사악한 악령들이 우아함으로부터 도망칠 것이며, 분명 슈바벤 외의 다른 곳에서는 그처럼 완벽한 처녀와 진실한 여자들을 찾을 수 없지요.

그렇지 않겠나, 젊은 친구. 남부 독일의 맑고 따뜻한 공기 속에서 자네는 내심 수줍어하는 버릇을 보란 듯이 버리게 될 거네. 명랑한 소녀들이 실로 자네를 유연하게, 또 이야기하기를 좋아하게끔 해 줄 거네. 이미 이방인으로서 자네의 이름과, 모든 유쾌한 사교 모임의 즐거움인 나이 지긋한 슈바닝 씨의 외손자라는 것만으로도 소녀들의 매혹적인 눈길을 잡아끌 걸세. 그리고 할아버지를 잘 따르면 자네는 분명히 자네 아버지처럼 우리 고향 도시에 자랑거리가 될 만한 아름다운 처녀 한 명을 데리고 가게 될 걸세."

하인리히의 어머니는 자기 고향에 대한 칭찬과 그곳의 여자들에 대한 좋은 의견에 얼굴을 붉히며 고마워했고, 하인리히는 곧 보게 될 그 고향 도시의 묘사에 주의 깊게 흡족한 마음으로 귀를 기울였다.

"자네가 자네 아버지의 기술을 택하지 않고, 그것보다는, 우리가 들은 대로 학업에 전념하고자 할지라도……"

상인들은 계속 말을 이었다.

"그렇다고 해도 자네는 성직자가 되어, 이 삶의 가장 아름다운 향유를 포기할 필요는 없네. 학문이 속세의 삶에서 멀어져 분리된 채 살아가는 계급의 손에 굴러떨어져 있고, 군주들이 그렇게 비사교적이고 정말로 경험이라고는 없는 사람들에게서 조언을 구하는 일은 아주 좋지 않은 일일세. 그들 스스로가 세상사에 관여하지 않을 게 분명한 고독 속에서 자신들의 생각을 무용하게 방향 전환을 하고, 현실적인 사건을 눈여겨볼 수 없게 한 거지. 그래도 슈바벤에서는 평신도들 가운데 신실하고 경험 많은 사람들을 만나게 될 걸세. 자네가 인도적인 지식 중에 어떤 것을 좋아하든 이제 선택할 테지. 그래도 자네에겐 훌륭한 스승과 조언가들이 부족하지는 않을 걸세."

조용히 듣고 있던 하인리히는 스승인 궁정 신부가 생각나서, 잠시 후에 이렇게 말했다.

"제가 세상일에 대해 무지해서 여러분이 말씀하신 대로, 세상에서 발생하는 사건들을 선도하고 판단하지 못하는 성직자들의 무능력에 대해 주장하는 것을 부인할 수는 없을 지라도, 여러분에게 우리의 유능한 궁정 신부님을 상기시켜 드리는 게 좋겠네요. 그분은 분명 현명한 사람들의 표본이고 그분의 가르침과 조언이 제게는 잊히지 않거든요."

"우리도 훌륭하신 그 신부님을 진심으로 존경한다네."

상인들이 대답했다.

"그러나 그럼에도 불구하고 자네가 신의 마음에 드는 처신에 관계되는 지혜에 관해 말하는 한에서는 그분이 지혜롭다고 동조할 수 있을 것이네. 하지만 자네가 그분이 구원을 위해 활동하고 가르치는 분이니 세상일에도 지혜로우실 거라고 여긴다면, 자네의 견해에 동의하지 않을 수도 있다는 것을 이해해 주게. 구원에 대한 일로 그 존경할 만한 분이 얻은 명성은 그 어느 것도 잃어버릴 일은 없을 거네. 초지상적인 지식에 몰두해 있다고 해서, 그분이 세상일에 대한 통찰과 혜안까지 있다고 할 수는 없을 걸세."

"그렇지만 말입니다."

하인리히가 말했다.

"마찬가지로 그 고귀한 지식이 인간들이 갖는 관심사의 고삐를 공평무사하게 이끌 수 있도록 숙달시켜야 하는 게 아닐까요? 어린애처럼 선입견이 없는 소박함이야말로 지혜보다 세속적인 사건의 미로를 뚫고 더 확실하게 올바른 길을 찾아낼 수 있지 않을까요? 자신의 득실을 고려하느라 잘못 이끌리고 제지당한, 수많은 새로운 우연과 착종錯綜에 의해 현혹된 지혜보다 말입니다. 저는 잘 모르겠지만, 그래도 생각해 보면 인간 역사라는 학문에 이르는 길은 두 가지가 있는 것처럼 보여요. 그 하나는 고달프고 광대한 것인데, 무한한 에움길이며 경험의 길입니다. 다른 하나는 한 번의 도약으로 내적인 통찰에 이르는 길입니다. 첫 번째 길의 순례자가 지루하게 계산해서 여러 가지 다른 것들로부터 한 가지를 찾아내는 반면, 다른 길의 순례자는 모든 사건과 문제의 본질을 즉시 직접적으로 응시하며, 그 본질을 생생하게 다양한 연관 속에서 고찰하고, 또 석판 위의 인물들처럼 나머지 것들과 용이하게 비교할 수 있겠지요. 제가 유치한 미몽에서 여러분 앞에서 주절댄 거라면 용서해 주시기 바랍니다. 여러분의 호의에 대한 믿음과, 자신이 몸소 그 길을 걸어가는 것으로 두 번째 길을 제게 보여 주신 제 스승님의 기억이 저를 그렇게 당돌하게 만든 거 같습니다."

"솔직히 말하면"

마음씨 좋은 상인들이 말했다.

"우리는 자네의 사고 과정을 따라갈 수가 없다네. 그래도 우리는 자네가 훌륭한 스승님을 그렇게 따뜻하게 떠올리고 그의 가르침을 잘 파악한 것 같아서 기쁘다네. 자네는 시인이 될 소질이 있어 보여. 자신의 정서에 대해 유창하게 말하고, 잘 선택된 표현과 적절한 비유에서도 빠지지 않네. 게다가 시인의 요소로 볼 수 있는 놀라운 것에 대한 애착도 갖추고 있으니 말이네."

"그게 어떻게 된 일인지는 모르겠어요."

하인리히가 말했다.

"종종 시인과 음유 시인에 대해 말하는 걸 들어 보긴 했지만, 아직 한 사람도 만나 본 적이 없답니다. 사실 저는 그들의 독특한 예술에 대한 개념에 대해서도 이해를 하지 못 했거든요. 그럼에도 불구하고 그들에 대해 들어 보고 싶은 마음이 간절해요. 그러면 제 안에서 단지 어두운 예감일 뿐인 많은 것을 좀 더 잘 이해하게 될 듯 여겨져요. 시에 대해서도 종종 이야기는 했지만, 한 번도 들은 적은 없어요. 제 스승님 역시 이런 예술에 대한 인식을 얻을 기회를 누려 보지 못했던 거지요. 그래서 그분이 제게 말씀하신 모든 것을 분명하게 이해하지는 못했어요. 그러나 그분은 항상 제가 그것을 한번 알게 되면, 빠져들게 될 그런 고상한 예술이라고 말씀하셨지요. 옛날에는 그 예술이 더 잘 알려져 있었으며, 누구나 어느 정도 그것에 대한 지식을 갖추고 있었다고 해요. 물론 사람마다 다르긴 하겠지만요. 그 예술은 다른 사라져 버린 훌륭한 예술과 친밀한 관계에 있었다고 하죠. 음유 시인들은 신의 은총을 높이 찬양하고, 그래서 그들은 보이지 않는 교류를 통해 감화되어 천상의 지혜를 지상에 아름다운 소리로 알릴 수 있었다죠."

상인들이 하인리히의 말에 응답했다.

"우리도 시인들의 노래를 즐겨 듣기는 하지만, 사실 시인들의 비밀에 대해서는 신경을 쓴 적은 없어. 시인이 이 세상에 올 때는 특별한 별자리가 떠오른다고 하는데 사실인 거 같아. 이 예술은 분명 놀라운 뭔가에 연루되어 있기 때문이겠지. 또 다른 예술들은 이 예술과 상당히 다르고, 훨씬 더 빨리 파악될 수 있지. 화가나 음악가에게서는 상황이 어떤지 금방 통찰할 수 있고, 누구든 근면과 인내를 통해 그 두 가지를 배울 수 있다네. 소리는 이미 현 안에 있고, 소리를 매혹적인 순서로 깨우기 위해서는 현을 움직일 솜씨만 있으면 되는 거지. 화가들에게는 자연이 가장 훌륭하고 여성스러운 본성의 스승인 거야. 자연은 수없이 많은 아름답고 경이로운 형상을 만들어 내고, 색깔과 빛, 그림자를 던져 주지. 그래서 화가들은 숙련된 손과 제대로 된 안목, 색깔의 준비와 혼합에 관한 지식을 갖추고 있으면 자연을 완벽에 가깝게 모방할 수 있게 되지. 따라서 이러한 예술들의 영향과 그들의 작품에 대한 만족을 파악하는 일 역시 아주 자연스러운 일 아니겠나. 나이팅게일의 노래와 바람 소리, 멋진 빛과 색깔, 형태들이 우리의 마음에 드는 것은 그것들이 우리의 감각에 상쾌하게 활력을 주기 때문이고, 우리의 감각은 그 감각을 산출해 낸 자연에 의해 가지런히 정리되도록 되어 있어. 그렇게 자연의 예술적인 모방이야말로 분명 우리 마음에 쏙 들지 않을 수 없을 테지. 자연 역시 스스로 위대한 정교함을 향유하고자 스스로 인간으로 변신했던 것이고. 그래야 자연도 똑같이 자신의 훌륭함에 대해 기뻐하고, 사물로부터 쾌적함과 유쾌함을 분류해 내지. 오직 이렇게 해서, 자연이 그것을 다양한 방식으로, 또 언제 어느 곳에서든 소유하고 누릴 수 있게 된 거겠지.

그에 반해 시문학은 외형적인 것인 것과는 아무 관련이 없다네. 시문학은 도구나 손을 사용해 뭔가를 만들어 내는 게 아니잖나. 눈과 귀로는 그것에 대해 아무것도 감지할 수가 없지. 왜냐하면 단순히 말을 듣기만 하는 게 이 내밀한 예술의 본연의 효과는 아니니까 말일세. 모든 것은 내면적이고, 앞에서 말한 저 다른 예술가들이 외형적인 감각을 쾌적한 감정으로 충족시키듯이, 시인은 정서의 성전을 새롭고 놀라우면서도 호의적인 생각으로 가득 채워 준다네. 시인은 원하는 대로 우리 안에 있는 내밀한 힘을 불러내고, 또 우리에게 말을 통해서 미지의 훌륭한 세계를 감지하도록 하는 거지. 우리 안에 있는 과거와 미래의 시간과 수많은 인간, 놀라운 지역, 진귀한 사건들이 깊은 계곡으로부터인 듯 드러나고, 우리가 잘 알고 있는 현재에서 우리를 탈취해 버리는 거지. 우리가 낯선 말을 듣고도 그것이 무슨 의미인지 알아차리는 건 시인의 언어가 마법적인 힘을 행사하기 때문이라네. 일상적인 말들조차도 매력적인 울림 속에서 나타나고, 단단히 속박되어 있는 청중을 감격시킨다네."

"여러분은 제 호기심을 참아 낼 수 없을 정도로 바꾸어 놓으셨습니다."

하인리히가 말했다.

"여러분이 들으셨던 모든 음유 시인에 대해 이야기해 주시기를 간절히 부탁드립니다. 저는 그러한 독특한 사람들에 대해서는 충분히 듣지 못했습니다. 불현듯 제가 아주 어렸을 때 어디선가 이미 그것에 대해서 말하는 것을 들어본 적이 있는 것처럼 여겨집니다만, 저는 그것에 대해 전혀 아무것도 기억나지 않습니다. 그러나 여러분이 얘기하시는 것은 저에게 아주 분명하고 친숙합니다. 여러분의 아름다운 말씀은 저에게 비범한 기쁨을 선사합니다."

"우리 역시 남방계 나라들, 프랑스와 슈바벤에서 음유 시인들과 어울려 함께 보낸 수많은 즐거운 시간을 떠올리는 것이 즐거답네. 자네가 이런 우리의 대화에 생동감 있게 참여하는 것 역시 매우 기쁘다네. 이렇게 산악 지역을 여행하면서 이야기를 나누다 보면 기쁨이 두 배가 되고, 시간은 장난하듯 지나가지. 우리가 여행 중에 경험했던 시인들에 대해서 들려주는 사랑스러운 이야기가 자네를 기쁘게 할 걸세. 우리가 들었던 노래들에 대해서는 말해줄 게 거의 없네. 그 순간의 기쁨과 도취가 많은 기억을 유지하는 것을 방해하기 때문이야. 끊임없이 이어지는 사업 일이 또한 많은 기억을 다시 지워 버렸다네.

옛날에는 자연 전체가 오늘날보다 더 생기 있고 의미심장했던 게 분명해. 동물들은 아직까지도 알아차리지 못한 듯이 보이는, 오직 인간들만이 느끼고 누리는 작용이 그 당시에는 생명 없는 사물들을 움직였다고 하니 말이야. 이제는 예술적으로 풍부한 사람들만이 가능한, 이제는 완전히 믿을 수 없고 동화 같이 여겨지는 현상을 만들어 냈다지. 아직도 일반 민중 사이에서 이런 전설과 만난 여행자들이 우리에게 전해주는 바에 의하면, 태곳적 지금의 그리스 제국의 여러 나라에는 음유 시인들이 존재했는데, 그들은 놀라운 악기의 독특한 울림을 통해서 숲의 내밀한 삶을, 뿌리에 숨어 있는 정령들을 일깨웠다고 해. 그들은 또

황폐하고 황량한 지역에서는 죽은 식물 씨앗을 자극하여 정원에서 꽃이 피게 하고, 사나운 짐승들을 길들이고, 거칠어진 사람들을 질서와 도덕에 익숙해지게끔 하고, 자신들 속에 있는 부드러운 애정과 평화의 예술을 환기시키고, 급류를 온화한 큰물로 변화시키고, 죽어 있는 돌들마저 규칙적으로 춤추는 동작으로 미혹했다지. 그들은 동시에 예언자와 성직자이자, 입법자와 의사였던 것으로 추측되는데, 마법적인 예술을 통해 고귀한 존재들을 지상으로 끌어내려, 그 존재들이 그들에게 미래의 비밀을 가르쳐 주고, 만물의 조화와 타고난 성질에 대해, 또 숫자와 식물, 모든 피조물의 내적인 미덕과 치유력에 대해서 알려주었다고 해. 전설에 따르면 그때 이후로 비로소 다양한 소리들과 독특한 공감, 질서가 자연 속에 들어왔다는 걸세. 반면 그 이전에는 모든 것이 거칠고 무질서하고 적대적이었다는군. 그 훌륭한 사람들이 현존했다는 것을 기억할 수 있는 아름다운 흔적이 남아 있기는 하지만, 그들의 예술이나 자연의 저 부드러운 감수성은 사라져 버렸다고 하네.

그러한 시대에 이러한 일이 있었다지. 그 특별한 시인[05] 혹은, 더 좋기로는 음유 시인(음악과 시가 실로 거의 하나이긴 하면서도, 또 어쩌면 입과 귀처럼 한 짝이긴 하지만, 말하자면 입은 움직이고 대답할 수 있는 귀일 테니까)이 바다를 건너 외국으로 여행을 하고자 했어. 시인은 보물과 값비싼 물건들을 많이 가지고 있었어, 그것들은 감사의 표시로 그에게 선사된 것이었지. 그는 바닷가에서 배 한 척을 보았는데, 그 안에 있던 사람들은 약속받은 노임을 받고 그를 바라던 지역으로 데려다 줄 준비가 되어 있었지. 그런데 시인이 갖고 있는 보물의 화려함과 우아함은 곧 강렬하게 그들의 탐욕을 자극해서, 그들은 시인을 제압하여 바다에 던지자고, 그러고 나서 그의 보물을 나누자고 서로 약속했지. 그래서 바다 한가운데에 이르러 시인을 덮치고는, 자기들이 그를 바다에 처넣기로 결정했으니 그가 죽어 줘야 한다고 말했다지. 시인은 그들에게 가장 감동적인 방식으로 목숨을 살려 달라고 간절하게 빌면서, 그들에게 몸값으로 보물을 주겠다고 제안했어. 또 만일 그들이 결의를 실행에 옮기면 커다란 재앙이 닥칠 거라고 예언했다지. 그러나 이런 말로도 저런 말로도 그들의 마음을 움직일 수 없었어. 왜냐하면 그들은 언제고 그가 자기들의 못된 행동을 폭로하지 않을까 두려웠기 때문이야. 그들이 그토록 굳게 결심을 한 것을 알게 되자, 시인은 죽기 전에 마지막으로 노래를 연주할 수 있게 허락해 달라고, 그러고 나면 자신의 매끈한 목재 악기를 들고 그들의 눈앞에서 자발적으로 바다에 뛰어들겠다고 했지. 그들은 시인의 마법의 노래를 들으면, 자신들의 마음이 약해지고, 회한에 사로잡히리라는 것을 잘 알고 있었어. 그래서 시인의 마지막 부탁을 들어주기는 하되, 그 동안 그들은 아무것도 들을 수가 없도록 귀를 꽉 막기로 작정했어. 그래서 그들은 의도대로 행동했지. 음유 시인은 훌륭하고, 감동적인 노래를 부르기 시작했어. 그러자 배 전체가 울리고, 물결이 소리를 내고, 하늘에는 해와 별들이 동시에 나타나는 거야. 푸른 물결 위에 물고기와 바다 괴물의 무리가 물속에서 떠올랐지. 배에 있던 사람들은 적개심에 가득 차서 귀를 막은 채, 참을성 있게 노래가 끝나기를 기다렸어. 노래는 이내 끝나고, 시인은 팔에 기적을 행하는 악기를 안고 밝은 표정으로 어두운 심연으로 뛰어들었다고 해. 반짝이는 파도에 그의 몸이 채 닿기도 전에 고맙게도 괴물의 넓은 등이 아래에서 솟아올랐고, 괴물은 긴장한 시인을 태우고 재빨리 그곳을 벗어났지. 잠시 후에 괴물은 그가 가고자 했던 연안에 이르러, 그를 부드럽게 갈대숲에 내려놓았어. 시인은 고마움의 표시로 즐거운 노래를 불러 주고 그곳을 떠났단다. 잠시 후에 바닷가에 혼자 있게 되었는데, 그가 행복한 시간의 추억으로, 또 사랑과 감사의 증표로 받아 매우 귀중히 여긴, 잃어버린 보물에 대해 달콤한 목소리로 한탄하기 시작했어. 그렇게 노래를 부르고 있는데 갑자기 바다에서 그의 옛 친구가 쏴쏴 소리를 내면서 기쁜 듯이 나타나서는, 목구멍에서 빼앗겼던 보물들을 모래 위에 떨어내는 게 아니겠어?

음유 시인이 뛰어내린 다음, 배에 있던 사람들은 시인이 남긴 보물을 나누기 시작했어. 그렇게 분배하는 동안, 그들 사이에서 다툼이 일었고 그들 대부분이 목숨을 그 대가로 치르는 싸움으로 끝났지. 남아 있던 몇몇 사람만으로는 배를 조종할 수가 없었으니 배는 곧 바닷가에 좌초되어 부서져 가라앉고 말았어. 그들은 간신히 목숨을 건지고 빈손으로, 또 다 찢어진 옷만 걸친 채 뭍에 올랐단다. 바다에서 보물을 찾아 낸 그 고마운 바다 괴물의 도움으로, 그 보물들은 원래의 주인에게 돌아오게 된 것이었다네."

3장

아틀란티스 동화

"또 다른 이야기는……"

상인들이 잠시 후에 말을 이었다.

"그렇게 놀랍지는 않겠지만, 좀 더 훗날의 이야기인데, 아마도 자네 마음에 쏙 들 걸세. 그 놀라운 예술의 효과에 대해서도 더 알게 될 테고.

한 늙은 왕이 멋진 궁전을 가지고 있었다네. 도처에서 사람들이 몰려와 왕의 훌륭한 삶에 함께하고 싶어 했지. 매일 열리는 축제에서는 맛깔나는 비싼 음식이 넘치고, 음악과 현란한 장식, 의복, 또 수없이 변화하는 연극, 소일거리가 부족하지 않았어. 그 모든 것은 독창적으로 잘 배열되어 있기까지 했지. 담소로 대화에 생기를 불어넣어 주는 지혜롭고 친절하고 교육을 많이 받은 남자들, 게다가 매력적인 축제 본연의 생기를 이루는 아름답고 우아한 젊은 남녀들 역시 모자라지 않았다네. 평상시 왕은 엄하고 신중했지만, 각별히 애정을 쏟는 두 가지가 있었어. 그것이야말로 화려한 궁전 생활을 영위해 나가는 진정한 동기였고, 멋진 시설물 역시 그 덕분이라고 할 수 있었는데, 그 하나가 딸에 대한 사랑이었지. 일찍 죽은 왕비에 대한 추억으로, 또 이루말할 수 없이 사랑스러운 딸로 아주 소중했기 때문이지. 또 그때문에 그가 기꺼이 자연의 모든 보물과 인간 정신의 모든 힘을 모으고자 했던 것이었어. 말하자면 왕은 그녀에게 이 지상에 천상을 마련해 주고 싶었던 것이었다네. 다른 하나는 시문학과 그 대가들에 대한 진실한 열정이었어. 그는 젊어서부터 기쁜 마음으로 시인들의 작품을 읽었거든. 또 모든 언어로 된 그들의 모음집에 열의를 다해 애쓰고 또 많은 돈을 들이기도 하면서, 예전부터 그 무엇보다 음유 시인들과의 교제를 소중히 여겼다네. 그는 각지에서 시인들을 궁전으로 불러들여 명예심을 드높여 주었어. 그는 지치지 않고 시인들의 노래에 귀를 기울이고, 새롭고 매혹적인 노래를 듣느라 종종 중요한 업무, 심지어 생리적인 용무까지 잊곤 했지.

그의 딸은 노래 속에서 자랐고, 그녀의 영혼 전체는 우수와 동경의 소박한 표현인 사랑스러운 노래가 되었다네. 보호받고 존경 받은 시인들의 유익한 영향은 나라 전체에서, 특히 궁전에서 드러났다네. 사람들은 천천히 조금씩 값비싼 음료를 음미하듯 삶을 향유하고, 그만큼 더 순수한 쾌감을 누렸다네. 왜냐하면 역겹고 적대적인 모든 정열은 불협화음처럼 모든 정서 안에 널리 퍼져 있는 부드럽고 조화로운 정조에 의해 축출되었거든. 영혼의 만족과 스스로 창조한 행복한 세계의 내면적인 직관이 시대의 놀라운 소유물이 되었고, 불화는 그저 이전 인간의 적으로서 시인들의 오랜 전설 속에만 나타났다네. 노래의 정령들이 그들의 후원자에게 아무리 애를 쓴다 해도 그의 딸 자체를 넘어서는 사랑스러운 감사 표시를 할 수는 없을 것처럼 보였어. 그녀는 가장 달콤한 상상력이 만든 부드러운 소녀의 형상 속에 있을 법한 조화로움을 지니고 있었거든. 그녀가 멋진 축제에서 하얗게 반짝이는 옷을 입고 매력적인 친구들 가운데 있거나, 고무된 시인들의 노래 경연에서 넋을 잃고 경청하거나, 상을 탄 행복한 시인의 곱슬머리에 향기로운 화환을 씌워 주며 얼굴을 붉히는 것을 볼 때면, 사람들은 그녀를 마법만이 불러올 수 있는 저 훌륭한 예술의 가시적인 영혼으로 여기게 되어, 시인들의 멜로디와 그것으로 인한 무아경에 더 이상 놀라지 않았다네.

그러나 이 지상의 낙원 한가운데에 비밀에 가득 찬 운명이 부유하고 있었어. 이 나라 사람들의 유일한 걱정은 이 행복한 시절을 지속하는 것과 나라 전체의 숙명이 달려 있는 한창때인 공주의 결혼에 관한 것이었다네. 점점 나이를 먹고 있는 왕에게 공주의 결혼은 가슴속에 큰 걱정이었다네. 그러나 모든 이의 소원에 걸맞은 그녀의 결혼에 대한 전망은 보이지 않았어. 국왕의 가

문에 대한 성스러운 경외심으로 어느 신하도 공주를 감히 데려
갈 생각조차 할 수 없었다네. 사람들은 그녀를 초지상적인 존재
로 여겼고, 그녀를 차지하고자 궁전에 모습을 드러낸, 다른 나라
의 모든 왕자도 자기들이 도저히 미칠 수 없다고 여겨 누구도 공
주나 왕이 자신들 중 하나를 눈여겨보리라 생각하지 못 했어. 이
거리감이 그들 모두를 점차적으로 몰아냈고, 이 왕가의 방자한
거만스러움에 대해 퍼진 소문은 다른 사람들에게서 굴욕을 감
수할 모든 의욕을 앗아가 버렸다네.

　이런 소문이 근거가 없는 것은 아니었어. 왕은 아주 온유했
음에도 불구하고 무의식 중에 자존심이 높았지. 이것이 그에게
공주를 신분이 낮거나 잘 알려져 있지 않은 가문 출신의 남자
와 결혼시킨다는 생각을 할 수 없게 하거나 참아 낼 수 없게 만
들어 버렸다네. 공주의 고귀하고 특별한 가치는 왕의 감정을 한
층 더 확고하게 해 주었지. 그는 아주 오래된 동방의 왕가 태생
이었고 그의 아내는 유명한 영웅 루스탄[06]의 마지막 분파의 마지
막 후손이었지. 시인들은 그가 그 옛날 이 세계의 초인적인 지배
자와 친척 관계임을 그에게 끊임없이 노래로 들려주었고, 그들
의 예술적인 마법의 거울에서는 그의 출생이 다른 사람들의 기
원과 거리가 있다는 것을, 그리고 그의 가문이 얼마나 훌륭한 지
를 볼 수 있었어. 그래서 왕은 고귀한 계급인 시인들을 통해서
만 다른 인간들과 관계를 맺을 수 있다고 생각했다네. 그는 동
경으로 가득 차서 두 번째 루스탄을 찾아보았지만 헛수고였어.

그는 한창 피어나는 딸의 마음과 왕국의 상황, 자신이 점점 연로해지는 것까지, 그 모든 면에서 공주의 결혼은 아주 바람직한 일로 여겨졌다네.

　수도에서 멀지 않은 곳, 외딴 농장에 한 노인이 살고 있었어. 그는 오로지 외아들의 교육에 전념했고, 가끔씩 시골 사람들이 심한 병에 걸리면 조언을 해 주곤 했다네. 젊은이는 진지하고 어려서부터 오로지 아버지가 가르쳐 준 자연 과학에만 몰두했어. 노인은 먼 곳에서 이 평화롭고 번창하는 나라로 이사 와서, 왕이 구축해 놓은 고마운 평화를 정적 속에서 누리며 만족스럽게 살고 있었다네. 그는 평화롭게 자연의 힘을 연구하고 이 매력적인 지혜를 아들에게 알려주었지. 아들은 그에 대해 타고난 감각이 있었고, 자연은 그의 깊은 정서에 기꺼이 그 비밀을 털어놓았다네. 젊은이의 고귀한 얼굴에 나타나는 비밀스러움과 눈에 어려 있는 비범한 광채를 알아볼 수 있는 감각을 지니고 있지 않은 사람에게 그는 평범하고 미미해 보였다네. 그 젊은이는 오래 바라보면 볼수록 더욱 매력적이었으며, 그의 부드럽고 매력적인 목소리와 우아한 언어 구사 능력을 듣고 나면 결코 그와 헤어질 수가 없었다네.

　어느 날 공주가 혼자서 말을 타고 숲으로 들어갔어. 작은 계곡에 숨은 듯이 놓여 있는 노인의 농장 근처에 그녀의 정원이 있었거든. 그곳에서 그녀는 환상에 빠져 방해받지 않으면서 아름다운 노래 몇 곡을 반복해서 연습할 수 있었지. 울창한 숲의 공기가 점점 더 깊숙이 그녀를 그 그림자 안으로 유혹했고, 그녀는 마침내 노인이 아들과 함께 살고 있는 농장에 이르게 되었다네. 목이 마른 그녀는 말에서 내려 말을 나무에 묶고 집 안으로 들어가 우유를 한 잔 청했어. 그곳에 있던 아들은 신비스러운 여자의 출현에 깜짝 놀랐다네. 그녀는 젊음과 아름다움에서 나오는 모든 매력이 넘쳐흘렀지. 가장 섬세하고 순진하며 고귀한 영혼의 형언할 수 없을 정도로 매력적인 투명함이 여신처럼 보이게 했어. 아들이 성가처럼 들리는 그녀의 부탁을 들어주기 위해 서두르는 동안 노인은 겸손한 경외심으로 그녀를 맞이했어. 그러고는 집 한가운데서 연푸른 불꽃이 소리 없이 타오르고 있는 소박한 화덕으로 안내해 자리를 마련해 주었지. 수천 가지 특이한 물건들로 장식된 그 방에 들어설 때 그녀의 눈에 띈 것은 그곳의 전체적인 질서와 순수함, 독특한 성스러움이었어. 그 인상은 소박하게 차려입은 기품 있는 노인과 그 아들의 겸손한 예의범절에 의해 더 고양되었다네. 노인은 그녀가 궁전에 사는 사람임을 바로 알아보았어. 값비싼 의상과 고귀한 행실이 그것을 대변해 주었거든. 아들이 나가고 없는 동안, 그녀가 시선을 끄는 몇 가지 물건 중에서 특히 그녀의 자리 옆에 놓여 있는 오래되고 독특한 그림들에 대해 질문을 던졌을 때, 그는 기꺼이 우아하게 그것들에 대해 알려주었어. 아들은 곧 신선한 우유가 가득 든 단지를 들고 와서, 그녀에게 꾸밈없고 공손한 태도로 건네주었다지. 두 사람과 몇 가지 매력적인 대화를 더 나누고 나서, 그녀는 친절한 접대에 대해 사랑스럽게 감사를 표하고 얼굴을 붉히면서 노인에게 다시 와도 좋은지, 또 수많은 놀라운 물건에 대해 교훈적인 대화를 누릴 수 있는지 허락해 주길 부탁하고 돌아갔지. 그녀는 자기의 신분에 대해 알리지 않았어. 노인과 젊은이가 자기를 알아보지 못했다는 것을 알았기 때문이야.

수도 근처에 살고 있었지만, 두 사람은 연구에 깊이 빠져 살면서 사람들의 혼잡스러움은 피하고자 했어. 그래서 젊은이는 궁전의 축제에 참석하고 싶은 생각이 들지 않았다네. 그는 때때로 숲속에서 나비와 풍뎅이, 식물을 찾아 여기저기 쏘다니기 위해, 다양하고 외형적인 사랑스러운 것들의 영향을 통해 조용한 자연 정신의 영감을 감지하기 위해 기껏해야 한 시간 정도 그의 아버지를 떠나 있는 게 다였지. 이날의 단순한 사건은 노인과 젊은이, 공주에게 똑같이 중요했지. 노인은 낯선 숙녀와 자신의 아들에게 미친 새롭고 깊은 영향을 어렵지 않게 알아챘어. 모든 심오한 인상이 아들에게 평생 동안 남아 있게 될 것을 알게 되었지. 노인은 아들을 잘 알고 있었어. 아들의 젊음과 마음의 본질이 이러한 유형의 첫 느낌을 극복할 수 없는 애정으로 만들어 놓을 게 분명했다네. 노인은 이러한 사건이 오래전부터 가까이 다가오고 있다는 것을 알고 있었어. 그녀의 고귀하고 사랑스러운 모습은 아들에게 무의식적으로 진심 어린 관심을 유도했고, 노인의 확신에 찬 마음은 이 특이한 우연이 어떻게 전개될지에 대한 모든 걱정을 몰아냈다네.

공주 또한 말을 타고 천천히 돌아오는 동안 숲에서 경험한 것과 유사한 상태에 놓였던 적이 결코 없었다는 것을 알게 되었지. 이 새로운 세계에 대한 유일하고, 명암이 교차하는 놀랍도록 생동감 있는 감정 앞에서 그녀는 완전히 다른 시선으로 세상을 바라보게 되었다네. 마법적인 베일이 그녀의 명확한 의식 주변의 넓은 틈새 사이사이 퍼졌다네. 만일 그 베일이 위로 젖혀지면 초지상적인 세계에 와 있을 것 같았어. 지금껏 그녀가 영혼을 다해 몰두했던 문학 예술에 대한 기억은 그녀의 이상하고 아름다운 꿈을 이전 시대와 연결시켜 주는 오래된 노래가 되었다네. 궁전으로 돌아온 공주는 궁전 생활의 화려함과 다채로움에 놀랄 지경이었어. 반갑게 맞아 주는 아버지의 얼굴은 그럼에도 불구하고, 그녀의 인생에서 처음으로 부끄러운 경외감을 자극했다네. 그녀는 자신의 모험에 대해 그 어느 것도 언급할 수 없다는 불가피한 사실을 알아차렸어. 사람들은 환상과 깊은 사색에 잠긴 듯한 그녀의 눈길에 이미 익숙해져 있어서 평소와 다른 점을 감지하지 못했지. 그러나 그녀는 이제 결코 전처럼 유쾌하지 않았어. 낯선 사람들 사이에 있는 것 같이 느껴졌거든. 한 시인이 희망을 찬양하고, 소원 성취에 대한 믿음의 기적에 대해 매력적으로 감격스럽게 노래했는데, 그 시인의 즐거운 노래가 그녀를 달콤한 위로로 채워 쾌적한 꿈속에서 진정시켜 줄 때까지 그녀는 여전히 기묘한 불안에 시달렸다네.

젊은이는 그녀와 헤어지고 나서 바로 숲속으로 들어갔어.

길가 덤불 언저리를 지나 정원의 입구까지 그녀를 쫓아갔다가 다시 길을 따라 돌아왔지. 길을 가다 발 앞에서 뭔가 윤이 나는 물건을 보고, 몸을 굽혀 짙은 적색의 돌 하나를 집어들었지. 그 돌 한쪽은 비범하게 반짝였고, 다른 한쪽에는 이해할 수 없는 숫자가 새겨져 있었어. 그는 그것이 값비싼 홍옥[07]이라는 것과 그것을 그 미지의 여인의 목걸이 한가운데서 보았다는 것을 깨달았지. 그는 마치 그녀가 아직 집에 있기라도 한 것처럼 발걸음을 재촉해서, 아버지에게 그 돌을 가져갔다네. 두 사람은 다음날 아침 돌을 주운 곳에서 기다렸다가 누군가가 그 돌을 찾으면 되돌려 주자고 의견 일치를 보았어. 그렇지 않으면 미지의 이방인이 두 번째 방문할 때까지 보관했다가 전해주기로 했다네. 젊은이는 거의 밤새 그 홍옥을 지켜보다가, 아침에 종이쪽지에 몇 글자 적고 싶은, 저항할 수 없는 욕구를 느꼈다네. 그러고 나서 그는 그 종이로 보석을 쌌다네. 그는 다음과 같이 몇 자 적으면서도 스스로 무슨 생각을 했는지 충분히 알지 못했다네.

> 보석에는 수수께끼 같은 부호가
> 불타는 피로 깊이 새겨져 있네,
> 그것은 마치 심장 같아,
> 그 안에는 미지의 여인이 쉬고 있지.
> 그 보석 주위에 수천의 불꽃이 스치고,
> 심장 주변에는 밝은 빛이 물결치지.

보석에는 찬란한 빛이 고이 잠들어 있고,
심장 역시 심장 중의 심장을 갖게 되지 않을까?

아침이 밝아오자마자 젊은이는 일찍 길을 나서서는, 정원 입구를 향해 서둘러 갔다지.

공주는 저녁에 옷을 벗다가 목걸이 안에 간직한 소중한 돌이 없어진 사실을 알고 안타까워하고 있었어. 그것은 어머니의 유물인데다 부적이기도 했어. 그것을 지니고 있어야 자유가 보장되었으니, 그녀가 자신의 의지 없이는 낯선 사람에게 그것을 넘기는 일은 있을 수 없는 일이었지.

공주는 놀라움을 넘어서 당혹스러웠지. 그녀는 어제 말을 타고 산책할 때만 해도 그것을 지니고 있었다는 것을 기억해 냈어. 그래서 노인의 집이나 혹은 숲에서 돌아오는 길에 떨어뜨린 게 분명하다고 확신했지. 그 길은 분명하게 기억할 수 있기에, 그녀는 내일 아침 일찍 그 돌을 찾기로 작정했어. 이런 생각을 하자 기분이 좋아졌어. 그녀는 그 분실 사건이 불안스럽지만은 않았어. 그 길을 곧 다시 한 번 갈 수 있게 됐기 때문이라네. 날이 밝자 그녀는 정원을 통해 숲으로 갔어. 보통 때보다 무척 서둘렀기 때문에 심장이 더 격렬하게 뛰는 것과, 가슴이 죄는 듯한 답답함도 자연스럽게 여겨졌다네. 해는 오래된 나무들의 우듬지를 막 금빛으로 물들이기 시작했고, 나무들은 저마다 해에게 인사하기 위해 밤의 얼굴로부터 깨어나려는 듯 부드럽게 살랑댔다네. 그때 멀리서 들려오는 소리를 듣고 길 아래쪽을 쳐다보았어. 젊은이는 공주를 향해 서둘러 달려갔고, 공주 또한 젊은이를 알아보았지.

젊은이는 잠시 동안 뭔가에 묶인 듯 서서, 꼼짝도 못하고 그녀를 바라보았어. 마치 그녀의 출현이 현실이며 기만이 아니라는 것을 스스로에게 확인시키기라도 하려는 듯이 말이야. 그들은 기쁨을 억누르며, 마치 이미 오랫동안 알고 지내며 사랑하고 있는 사이인 듯이 서로에게 인사했다지. 그러고 나서 아직 그녀가 이른 아침 산책에 나선 원인을 그에게 털어놓기도 전에, 그는 얼굴을 붉히고 두근거리는 가슴으로 쪽지에 싸인 돌을 건네주었지. 쪽지 안의 내용물을 알고 있는 듯, 그녀는 아무 말 없이 떨리는 손으로 그것을 받아들고, 다행스럽게도 그가 찾아 준 물건에 대한 사례로 무의식적으로 목에 차고 있던 금목걸이를 그에게 걸어 주었다네. 부끄러워하면서 그녀 앞에 무릎을 꿇은 그는 그녀가 그의 아버지에 대해 안부를 물었지만 한동안 아무 말도 못 했다네. 그녀는 그에게 반쯤 잠긴 목소리로, 또 의기소침한 눈으로, 자기가 곧 다시 그들에게 찾아올 것이며, 그녀에게 특이한 물건들에 대해 알려주겠다고 한 그의 아버지의 약속을 기억하고 있다고 말했다네.

그녀는 각별한 진심을 담아 다시 한 번 감사하고, 천천히 뒤도 돌아보지 않고 왔던 길로 되돌아갔어. 젊은이는 말 한마디 못하고 공손하게 몸을 굽혔고, 그녀가 나무들 뒤로 사라질 때까지 오랫동안 그녀를 바라보았지. 이후 며칠이 지나, 그녀가 다시 두 사람을 찾아왔고, 곧 더 자주 그들을 방문하게 되었어. 젊은이는 부지중에 그녀의 산책에 동반자가 되었지. 그는 정해진 시간에 정원에서 그녀를 데려오고, 다시 그곳으로 돌려보내 주었어. 그녀는 마치 출생의 위엄이 그녀에게 내밀한 두려움을 불어넣은 듯이 자신의 신분에 대해 굳게 침묵을 지켰어. 하지만 동반자를 더욱 신뢰하게 된 그녀는 곧 그녀의 천사 같은 영혼 속에 지니고 있는 생각을 그에게 계속해서 숨긴 채 지낼 수만은 없다는 걸 알고 있었지. 젊은이 역시 마찬가지로 자기의 영혼 전체를 바쳤다네.

아버지와 아들은 그녀를 궁전에서 온 고귀한 처녀로만 여겼지. 그녀는 그의 아버지에게 딸처럼 상냥하게 매달렸어. 그녀는 그의 아버지를 쓰다듬곤 했는데, 그것은 젊은이에 대한 상냥함의 매력적인 전조였지. 그녀는 곧 그 경이로운 집안에 익숙해졌고 그녀는 자기 발치에 앉아 있는 노인과 젊은이에게 류트[08]를 연주하며 신성한 목소리로 매력적인 노래를 불러 주었어. 젊은이에게 이 사랑스러운 기예도 가르쳐 주었다네. 대신에 그녀는 감격한 그의 입술로부터 도처에 퍼져 있는 자연의 신비에 대한 수수께끼를 풀 수 있게 되었지. 그는 이 세계가 신비에 가득 찬 공감을 통해 어떻게 생성되었는지, 별들이 아름다운 곡조에 따라 윤무를 추면서 어떻게 하나가 되었는지 가르쳐 주었다네. 태고의 역사가 성스러운 이야기를 통해 그녀의 마음속에 떠올랐고,

그녀는 자신의 제자가 영감을 가득 받아 류트를 믿을 수 없을 정도로 잘 터득하여 연주하며 아주 놀라운 노래를 터뜨릴 때면 기뻐서 어찌할 줄 몰랐지.

어느 날이었어. 특별하고도 대담한 충동이 그녀와 함께 있는 자리에서 젊은이의 영혼을 사로잡았지. 그녀 또한 마찬가지였어. 귓갓길에 평소보다 세차게 몰려온 사랑이 그녀로 하여금 젊은 처녀의 수줍음을 극복하게 했어. 그들 두 사람은 어떻게 그랬는지도 모르는 채 서로의 팔에 안겼다네. 작열하는 첫 키스가 그들을 녹여 영원히 하나가 되게 했다네. 그때, 갑작스럽게 빛이 어스름해지더니 무지막지한 질풍이 나무들의 우듬지에서 사납게 몰아치기 시작했어. 위협적인 먹구름이 한밤중처럼 어둡게 그들 위로 내려앉았지. 그는 끔찍한 폭풍우와 부러지는 나무들을 벗어나 그녀를 안전한 곳으로 데려가기 위해 서둘렀지만 밤인데다가 연인 때문에 불안해하다 그만 길을 잃고, 점점 더 깊은 숲속으로 빠져들고 말았어. 젊은이는 자신의 잘못을 깨달으며 더 초조해졌지. 걱정하고 있을 왕과 궁전 사람들 생각에 형언할 수 없는 불안이 때때로 벼락처럼 공주의 영혼을 뚫고 지나갔다네. 끊임없이 위안을 주는 연인의 목소리만이 그녀에게 용기와 신뢰를 불어넣어 주고, 불안한 그녀의 가슴을 위로해 주었어. 폭풍우는 계속 맹위를 떨쳤다네. 길을 찾으려는 모든 노력은 허사가 되고 말았지. 번갯불이 내리칠 때 수풀이 우거진 구릉의 가파른 벼랑 가까이에 동굴이 하나 있는 것을 발견하고 그들은 운

이 좋다고 여겼다네. 그들은 그곳에서 폭풍우의 위험을 막아 줄 안전한 도피처이자, 쇠진해진 힘을 북돋을 수 있는 장소를 찾을 수 있기를 바랐다네. 행운이 그들의 소원을 들어준 걸까? 동굴은 건조하고 깨끗한 이끼로 뒤덮여 있었다네. 젊은이가 나뭇가지와 이끼로 빨리 불을 붙였지. 그 불에 몸을 말린, 사랑하는 두 사람은 이 구원이 놀랍게도 세계로부터 그들을 격리한 듯 서로의 얼굴을 바라보았어. 그러다가 그들은 편안하고 따뜻한 잠자리에 나란히 누웠다네.

동굴 안은 열매가 매달린 야생 편도 덤불이 드리워져 있었고, 졸졸 흐르는 소리 덕분에 갈증을 덜어줄 청량한 물을 가까이에서 찾을 수 있었지. 젊은이가 지니고 있던 류트는 그들에게 바작바작 소리를 내며 타는 불 옆에서 기분을 풀어 주고 마음을 안정시켜 주는 역할을 했다네. 한껏 고양된 힘은 좀 더 서둘러 매듭을 풀고자 하는 듯이 보였고, 진기한 상황 속에서 그들을 낭만적인 국면으로 데려다 주었다네. 그들의 순수한 마음과 마법적인 분위기 그리고 달콤한 정열과 젊음의, 저항할 수 없게 연결되어 있는 힘이 그들에게 곧 세상과 그 관계를 잊게 해 주었어. 폭풍우가 불러 주는 결혼 축가와 번개가 밝혀 주는 결혼 횃불이 결코 맺어질 수 없는 이 한 쌍을 달콤한 도취 상태로 가라앉혀 주었지.

밝고 푸른 아침이 오자 그들은 새로운 복된 세계 속에서 깨어났어. 그러나 곧 공주의 눈에서 뜨거운 눈물이 강이 되어 흘러내렸지. 그것은 공주의 가슴속에서 꿈틀거리는 수천 가지 걱정거리를 연인에게 알려주는 것이 되었다네. 그는 밤사이에 나이를 더 먹어, 젊은이에서 어른이 되었다지. 그는 열성을 다해 연인을 위로하고, 그녀에게 진실한 사랑의 성스러움을, 또 그런 사랑이 가져다 주는 고귀한 믿음을 상기시키고, 확신을 가지고 그녀 마음의 수호신에게서 가장 밝은 미래를 기대해 볼 것을 당부했다네. 공주는 그의 위로에서 진심을 느꼈어. 그래서 그에게 자기가 왕의 딸이며, 단지 자기 아버지의 자부심과 아버지가 느끼고 있을 고통 때문에 불안하다고 털어놓았다네.

그들은 오랫동안 숙고한 끝에 내린 결심에 대해 의견 일치를 보았고, 젊은이는 곧 자신의 아버지에게 그 계획을 알리기 위해 서둘러 길을 나섰다네. 그는 곧 다시 돌아올 것을 약속하고, 이번 사건의 미래가 달콤하게 전개될 것이라는 믿음으로 그녀를 진정시킨 뒤 그녀를 떠났다네. 젊은이는 곧 아버지의 집에 도착했고, 아버지는 그가 다치지 않고 돌아온 것을 보고 무척 기뻤다네. 그는 연인들의 이야기와 계획을 듣고, 잠시 고민하더니 기꺼이 그들을 도와주겠다고 했지. 노인의 집은 꽤 은밀한 곳에 자리를 잡고 있었고, 쉽게 눈에 띄지 않는 지하실 방도 몇 개 있어서 공주가 머물기에 매우 적당했어. 그래서 해 질 녘에 공주를 이곳으로 데려왔지. 노인은 진심으로 그녀를 맞아 주었다네. 그곳에서 그녀는 고독 속에서, 슬퍼하고 있을 아버지가 생각날 때면 종종 눈물을 흘렸지만 연인 앞에서는 자기의 근심을 숨겼지. 친절하게 위로해 주고, 머지않아 아버지에게 돌아갈 수 있을 거라고 말해 주는 노인에게만 근심을 터놓았어.

한편 공주가 사라지던 날 저녁에 궁전 사람들은 매우 놀랄 수밖에 없었어. 왕이 완전히 제정신이 아니었거든. 왕은 그녀를 찾기 위해 도처에 사람을 보냈어. 그러나 어느 누구도 그녀에 대해 설명할 수 없었다지. 누구도 내밀한 사랑의 사건이 있을 거라 상상도 못 했지. 그렇다고 유괴되었다고 여길 수도 없었어. 그녀 외에는 아무도 없어진 사람이 없었거든. 그 어떤 추측도 근거가 없었다네. 파견되었던 사자들도 빈손으로 돌아왔고, 왕은 깊은 슬픔에 빠졌다네. 다만 저녁에 시인들이 왕 앞으로 나와 아름다운 노래를 불러 줄 때만 오래된 기쁨이 그 앞에서 다시 모습을 드러내는 듯했어. 그럴 때면 그녀가 가까이 있는 것처럼 여겨졌고, 그녀를 다시 볼 수 있다는 희망을 품게 되었거든. 그러나 혼자 남게 되면, 다시금 가슴이 찢어지는 듯해서 그는 큰 소리로 울었다네. 그는 곰곰이 생각해 봤어. '이러한 모든 영화와 고귀한 혈통이 무슨 소용이 있단 말인가? 이제 나는 다른 어떤 사람보다 더 비참해. 그 어느 것도 딸을 대신할 수 없어. 그 애가 없으면 노래 역시 공허한 단어들이며 허상 외에 아무것도 아니야. 그 애야말로 노래에 생명과 기쁨, 힘과 형상을 주는 마법사였어. 차라리 내가 신분이 낮은 자라면 더 좋을 것을. 그렇게 되면 지금 내 곁엔 딸이 있을 테고, 게다가 사위에, 잘하면 손자까지도 있겠지, 녀석을 무릎 위에 앉혀도 볼 텐데. 그랬더라면 나는 지금과는 다른 왕이었을 테지. 왕을 왕답게 만드는 것은 왕관과 제국이 아니었어. 그것은 바로 넘쳐 흐르는 감정들이지. 말하자면 행복감, 지상의 재화가 주는 포만감이 아닌 흘러 넘치는 풍요로운 감정 말이야. 지금 나는 그동안의 오만불손에 대해 벌을 받고 있는 게 분명해. 아직 아내를 잃은 슬픔도 극복하지 못했는데, 이제 나는 끝도 없는 비탄에 빠져 버렸어.' 왕은 딸이 너무 그리울 때 그렇게 한탄했지. 때때로 그의 오래된 엄격함과 자부심이 다시 난데 없이 튀어나오기도 했는데, 그럴 때면 그런 자신을 한탄하며 스스로에게 화를 냈다네. 그는 왕답게 인내하고 참아 내고자 했어. 다른 사람들보다 더 많은 고통을 겪었으나, 으레 왕권은 더 큰 고통을 겪게 마련이라고 여겼지. 그러나 날이 어두워질 때, 딸의 방으로 들어가 그녀의 옷이 걸려 있는 것을 보거나, 마치 그녀가 막 방에서 나간 것처럼 그녀의 작은 물건들이 놓여 있는 것을 보면, 그는 그 다짐을 잊고 가련한 사람처럼 굴며, 아랫사람들을 불러 동정을 받으려고 했어. 도시와 나라 전체가 울면서 진심으로 왕과 함께 한탄했다네. 그런데 이상하게도, 공주가 아직 살아 있으며, 곧 남편과 함께 되돌아올 것이라는 소문이 돌았어. 아무도 그 소문이 어디서 왔는지 알지 못했다네. 그러나 모두들 기쁜 마음으로 그 소문에 매달려, 그녀가 되도록 빨리 돌아오기를 고대했다네. 그렇게 몇 달이 지나고, 다시 봄이 찾아왔어.

"분명한 것은"

어떤 사람들은 묘한 기분에 젖어 이렇게 말했다네.

"이제 공주가 돌아올 거야." 왕도 더 밝아지고, 희망적이 되었어. 그 소문이 그에게 관대한 힘의 약속처럼 생각되었거든. 축제가 예전처럼 시작되었어. 오래전의 영화를 다시 충만하도록 만개할 공주만이 빠져 있었지.

공주가 사라진 지 바로 일 년이 되는 날 저녁 궁전 사람들이 정원에 모여 있었다네. 공기는 따뜻하고 맑았고, 부드러운 바람이 오래된 우듬지 위에서 울리는 소리를 내서, 멀리서 다가오는 즐거운 행렬을 알리는 듯했다네. 분수는 수많은 횃불 사이로 무수한 빛과 함께 울리는 듯한 소리를 내는 우듬지의 어둠 속으로 솟구쳐 오르며, 아름다운 곡조로 졸졸 소리를 내며 나무들 아래에서 울려 나오는 온갖 노래들을 반주해 주었다네. 화려한 양탄자 위에 앉아 있는 왕 주변으로 궁전 사람들이 축제 의상을 입고 모여 있었어. 정원을 가득 채운 수많은 사람이, 구색을 갖춰 장관을 이루었지. 왕은 깊은 생각에 잠겨 앉아 있었어. 잃어버린 딸의 모습이 이례적으로 명료하게 그의 눈앞에 떠오르는 거야. 왕은 지난해 이맘때쯤 갑자기 종말을 고한 행복했던 나날들을 떠올리고 있었어. 강렬한 그리움이 그를 엄습했지. 눈물이 계속해서 위엄 있는 뺨을 타고 흘러내렸다네. 그러나 그는 예사롭지 않은 기쁨이 느껴졌어. 슬펐던 지난 한 해가 그저 악몽처럼 여겨졌지. 왕은 눈을 들었어, 마치 사람과 나무들 사이에서 공주의 고귀하고, 성스럽고, 매혹적인 모습을 찾는 듯이. 바로 그때 시인들의 노래가 끝나고 깊은 정적이 흘렀어. 보통 그것은 감동을 받았다는 표시라네. 왜냐하면 시인들이 재회의 기쁨과 봄, 미래를 노래했거든. 흔히 희망이 그것들을 예쁘게 장식하곤 하지.

그때 갑자기 알 수 없는 아름다운 곡을 연주하는 류트의 소리로 정적이 깨졌어. 그것은 한 그루 태곳적 참나무로부터 흘러나오는 것 같았지. 모든 시선이 그 소리가 나는 쪽을 향했고, 사람들은 소박하지만 낯선 복장을 한 젊은이가 그곳에 서 있는 것을 보았다네. 왕이 그에게 시선을 돌리자 팔에 류트를 안고 있던 그 젊은이는 깊이 몸을 숙였어. 그는 계속해서 노래를 불렀지. 아름다운 목소리는 비범했고, 노래는 낯설지만 놀라운 특색을 지니고 있었다네. 이 노래는 이 세계의 원천에 대해서, 별과 식물, 동물, 인간의 발생에 대해서, 자연의 전능한 공감에 대해서, 태고의 황금 시대와 그 시대의 지배자들, 말하자면 사랑과 시에 대해서, 증오와 야만의 출현과 그것들의 저 자비로운 여신들과의 투쟁에 대해서, 끝으로 그 여신들의 미래에 다가올 승리에 대해서, 또 슬픔의 종말, 자연의 소생, 영원한 황금시대의 회귀에 대해서 노래했다네. 늙은 시인들도 노래에 감격을 받아 특이한 이방인 주변으로 가까이 다가왔어. 예전에 결코 느껴 보지 못한 황홀경이 그들을 사로잡았고, 왕 자신도 천상의 강물 위에서 떠내려가는 느낌이었다네. 그런 노래는 결코 들어 본 적이 없었지. 특히 그 젊은이는 노래를 부르는 동안 점점 더 아름다워지고, 기백이 넘치고, 목소리도 점점 더 강해지는 것처럼 보였기 때문에 모든 사람이 천상의 존재가 그들 사이에 나타났다고 믿었어. 그의 금발이 미풍에 흩날리고, 류트는 그의 양손에서 생기를 얻고 있었어. 취한 듯한 그의 눈길은 신비로운 다른 세계를 바라보고 있는 듯 보였고, 어린아이 같은 얼굴의 천진무구함과 소박함은 모두에게 초자연적인 것처럼 여겨졌지.

이제 그의 멋진 노래는 끝이 나고, 늙은 시인들은 기쁨의 눈물과 함께 그 젊은이를 끌어안았어. 조용하고 내면적인 환호가 모인 사람들 사이를 뚫고 지나갔지. 깊은 감동을 받은 왕이 그에게 다가가자 젊은이는 공손하게 그의 발치에 무릎을 꿇었어. 왕이 그를 일으켜 세우고, 진심으로 포옹하며 소원을 말해 보라고 했지. 그러자 젊은이는 달아오르는 얼굴로 왕에게 자비를 베풀어 노래 한 곡을 더 들어 달라 청했어. 왕은 몇 걸음 뒤로 물러나고, 이방인은 다시 노래를 부르기 시작했다네.

시인이 거친 길을 걸어가네
옷은 가시에 찢겨 나가고
강과 늪을 건너느라 젖어 버렸다네
아무도 그에게 도움의 손길을 내밀지 않았지.
외롭고 길도 없으니 비탄에 빠질 수밖에
이제 그의 지친 마음 위로
깊은 고통이 엄습하고,
류트조차 지니고 있지 못할 지경이었지.

'내겐 슬픈 운명이 주어졌어.

나는 여기서 완전히 버림받고 헤매고 있지.
모든 이에게 즐거움과 평화를 주었지만
아무도 내게 그것들을 나눠 주지 않았어.
그들 모두 나로 인해
받은 선물을 누리며 삶을 기쁘게 살지만
그들은 마음의 요구를 거절하고
인색하게 나를 내쫓았지.

사람들은 봄이 떠나는 것을 지켜보듯
냉정하게 나를 떠나보냈지.
봄이 슬퍼하면서 떠나도
아무도 슬퍼하지 않듯이.
사람들은 열매를 애타게 그리워하지만
씨를 뿌린 게 봄이라는 걸 알지 못했어.
내가 사람들을 위해 시를 지어 천상을 보여 주었지만,
아무도 기도할 때 나를 기억하지 않았지.

나는 내 입술에 깃들어 있는
마법적인 힘에 감사함을 느끼네.
오! 사랑의 마법적인 끈까지도
내 권리로 묶어 놓을 수 있으면 좋으련만.
사랑에 목말라 멀리서 찾아왔지만
아무도 이 가련한 자를 걱정하지 않네.
어느 누가 측은히 여겨
나의 깊은 시름을 녹여 줄 수 있을지?'

그는 무성한 풀 위에 쓰러져
눈물로 뺨을 적시며 잠이 들었네.
노래의 고귀함이 떠돌다
근심에 찬 그의 가슴으로 들어왔다네.
'이제 네가 겪은 고통을 잊거라.
머지않아 너의 짐이 사라지고
네가 오두막[09]에서 애썼지만 찾지 못했던 것을
이제 궁전에서 찾으리라.

네게 고귀한 지상 최고의 보답이 주어질 것이니
곧 얽힌 삶의 여정도 끝나고
은매화 화환이 왕관이 되리라.
고귀한 손이 그것을 네게 씌어 줄 것이고
왕좌의 영광을 위해
조화를 이룬 마음 하나가 소임을 받으리.
시인은 이제 거친 계단을 밟아
위로 올라가 왕의 아들이 되리라.'

　그의 노래가 여기에 이르렀을 때, 특별한 놀라움이 그곳에 모인 사람들을 사로잡았다네. 이 몇 개의 연이 불리는 사이 한 노인과 팔에 놀랍도록 예쁜 아기를 안은 고귀한 모습을 한, 베일을 쓴 여성이 나타나서 그 이방인 뒤에 섰기 때문이었지. 아기가 모여 있는 낯선 사람들을 친근하게 둘러보더니, 귀여운 미소를 지으며 왕이 머리에 쓰고 있는, 반짝이는 보석 장식 왕관을 향해서 작은 손을 뻗었다네. 그런데 더 놀라운 일이 일어났지. 왕이 총애하며 항상 데리고 다니는 독수리가 갑자기 오래된 나무 꼭대기에서, 왕의 방에서 가져온 게 분명한 황금 머리띠를 움켜쥐고 날아 내려와 젊은이의 머리 위에 앉았거든. 그렇게 해서 황금 머리띠가 젊은이의 금발에 씌워졌다네. 이방인은 순간 깜짝 놀랐지. 독수리는 그 머리띠를 그대로 금발 위에 놓아둔 채 왕의 곁으로 날아갔다네. 젊은이는 달라고 보채는 아이에게 그것을 건네주고, 왕에게 다가가 한쪽 무릎을 꿇고, 감동적인 목소리로 노래를 계속 불렀다네.

> 시인은 행복한 조바심으로
> 아름다운 꿈에서 깨어나
> 키 큰 나무들 아래를 지나
> 궁전의 청동 대문을 향해 천천히 걸어갔지.
> 장벽은 강철처럼 매끄럽게 갈려 있었지만
> 그래도 그의 노래는 민첩하게 기어올랐네.
> 사랑과 고통에 사로잡혀 있는
> 왕의 딸이 그를 향해 내려왔지.

> 사랑이 그들의 마음을 결속해 주었으나
> 갑옷에서 울려 나오는 소리가 그들을 쫓아버리니
> 어둡고 조용한 은신처에서
> 그들은 달콤한 불꽃처럼 타올랐네.

그들은 겁에 질려 숨어 있었네
왕의 노여움이 너무나 두렵기 때문이었지.
이제 그들은 아침마다 고통과 기쁨을
동시에 느끼며 눈을 뜬다네.

시인은 부드럽게 노래 불러
이제 막 어미가 된 여인에게 희망을 심어 주었지.
그때, 그 노래에 홀려
왕이 벌어진 틈으로 들어오네
그들은 깜짝 놀라 무릎을 꿇었지.
왕의 딸은 가슴에 안고 있던 금발의 아이,
손자를 아비에게 넘겨주네.
그러자 그의 엄격한 마음도 부드럽게 녹았다네.

사랑과 노래 앞에서 왕좌에 앉은
아비의 마음도 누그러지니
달콤한 충동에 젖은 지난날의 깊은 고통도
영원한 기쁨으로 천천히 바뀌어 갔지.
사랑은 자신이 가져갔던 것을
두둑한 이자와 함께 돌려주네.
그리고 화해의 입맞춤 아래
천상의 행복이 펼쳐졌지.

노래의 정신, 그대 지상으로 내려와
이제 사랑의 편이 되었네.

아버지인 왕은
잃었던 딸을 되찾아
기뻐 얼싸안고
손자 역시 측은히 여기네
그리하여 왕의 마음이 넘쳐흘러
시인 역시 아들로서 포옹하네.

　젊은이는 이렇게 노래했지. 그의 노래가 어두운 가로수 길 안으로 잦아드는 동안, 그는 여인의 베일을 들어 올렸어. 공주는 눈물을 펑펑 흘리며 왕의 발치에 앉아 왕에게 예쁜 아기를 내밀었지. 시인도 머리를 숙이고 그녀 옆에 무릎을 꿇었지. 모두들 정적 속에서 초조해하니 호흡조차 멈춘 듯했다네. 왕은 잠시 진지하게 고민하다 이윽고 공주를 끌어당겨 오랫동안 꼭 끌어안고는 큰 소리로 울었지. 그러고는 젊은이를 일으켜 세워 가까이 오게 한 다음 진심 어린 애정으로 포옹해 주었다네. 몰려든 백성들 사이에서 환호성이 터졌어. 왕은 아기를 받아 안고는 경건한 마음으로 하늘을 향해 번쩍 들어 올렸다네. 이어서 왕은 친근하게 노인을 맞이해 주었지. 모두의 얼굴에 기쁨의 눈물이 끝도 없이 흘러내릴 때, 시인들이 갑자기 터뜨리듯 노래를 부르기 시작했고, 그날 저녁은 나라 전체가 성스러운 전야가 되었어. 그날 이후로 그 나라 백성들의 삶은 오직 아름다운 축제의 연속이었거든. 지금 그 나라가 어떻게 되었는지는 아무도 모른다네. 그 나

라, 아틀란티스는 대홍수로 인해 우리 눈에서 사라져 버렸다고
전설로만 전해진다네."

4장

기사와 동방의 여인 촐리마

며칠에 걸친 여행은 조금도 방해를 받지 않고 끝났다. 길은 단단하게 말라 있었으며, 날씨는 화창하고 상쾌했다. 그들이 지나온 지역은 사람들이 많이 살고 있었는데, 비옥한 튀링겐 숲을 뒤로한 그곳은 매우 풍요했으며 다채로웠다. 상인들은 여행을 자주 다니면서 사람들과 교류했기 때문에 도처에서 극진한 대접을 받았다. 그들은 고립되거나 도적질로 악명 높은 지역들은 피했고, 어쩔 수 없이 그 길을 가야 하는 경우에는 노련한 안내자를 동반했다. 이웃하고 있는 산성들의 몇몇 성주와는 좋은 관계를 유지하고 있었다. 상인들은 아우크스부르크에 주문할 물건들이 있는지 물어보기 위해 그 성주들을 방문했다. 그곳에서 맛

있는 음식과 함께 친절한 환대를 받았다. 부녀자들이 인정 어린 호기심으로 이방인들 주변에 몰려들었다. 이들의 선량한 의지와 동정심은 하인리히의 어머니를 사로잡았다. 이들은 기꺼이 맛있는 음식을 대접했고, 최신 유행에 대해 알려주는 도시에서 온 여자를 만나 기뻐했다.

젊은 하인리히는 겸손함과 가식 없는 온화한 행실로 기사와 숙녀들 사이에서 많은 칭찬을 받았다. 숙녀들의 시선은 그의 매력적인 모습에 오랫동안 머물렀다. 그의 모습은 그저 흘려듣던 다른 이방인이 전해 준 소박한 이야기 같았다. 그 이야기는 다른 이방인을 보내고 오랜 시간이 흐른 뒤에야 마치 보이지 않게 깊이 숨어 있던 봉오리가 개화하여, 마침내 빽빽하게 짜 맞춰져 있는 나뭇잎들의 갖가지 색채 속에서 보여 주는 멋진 꽃 같았다. 그래서 사람들은 그 이야기를 잊지 못하고, 반복해도 물리지 않으며, 아무리 많이 써도 언제나 고갈되지 않고 새것 같은 보물로 여기게 마련이었다. 사람들은 그제야 이방인에 대해 숙고하고, 예견하고 예감하다가, 마침내 그가 자신들보다 높은 세계에 거주하는 자임을 확신하게 되는 것이었다.

상인들은 많은 양의 주문을 받았고 여행자들은 사람들과 서로 곧 다시 만나자는 진심 어린 기원을 하면서 헤어졌다. 여러 성을 거쳐 그들이 저녁 무렵에 도착한 한 성은 매우 흥겨웠다. 성주는 나이 든 기사였는데, 그는 평화로운 여가와 체류의 외로움을 달래기 위해 연회를 열고 멈추기를 반복했다. 혼돈스러운 전쟁과 사냥 외에 다른 소일거리로는 술잔을 가득 채우는 것밖에 알지 못했다. 그는 시끄러운 동료들 사이에 끼어 있다가 도착한 손님들을 형제처럼 진심으로 맞았다. 하인리히의 어머니는 여주인에게로 안내되었다. 하인리히와 상인들은 흥겨운 탁자에 앉았는데, 그곳에서는 술잔이 연거푸 돌고 있었다. 하인리히는 아직 너무 어리다는 점을 고려해 주십사 몇 번이고 간청해서 돌아오는 술잔에 매번 화답을 하지 않아도 좋다는 허락을 받았다. 반면에 상인들은 부지런히 오래된 프랑스 포도주를 맛보았다.

대화는 전쟁 모험담으로 이어졌다. 하인리히는 주의 깊게 새로운 이야기를 경청했다. 기사들은 성지聖地에 대해서, 성묘聖墓의 기적에 대해서, 순례와 항해의 모험에 대해서, 그들 중 몇 사람이 폭력을 당한 사라센인들에 대해서, 들판과 야영지에서 보낸 즐겁고 놀라웠던 생활에 대해서 이야기했다. 신성한 기독교 성지가 아직도 믿음이라고는 없는 방자한 사람들 수중에 있다고 심하게 불쾌감을 표명하면서 그 극악무도한 민족에 대항해서 지칠 줄 모르는 분투로 영원한 왕관을 획득한 영웅들을 찬양했다.

성주는 귀중한 검을 보여 주었다. 그것은 그가 한 성을 정복하여 그 민족들의 적장을 죽이고, 그 적장의 아내와 아이들을 포로로 잡은 뒤에 자신의 손으로 빼앗은 것이었다. 황제[10]는 그것을 그의 방패에 문장紋章으로 넣을 수 있도록 허락했다. 모두 그 멋진 검을 살펴보았다. 하인리히도 검을 손에 잡아 보았다. 순간 그는 전사가 된 듯한 감동에 사로잡혔다. 그는 경건한 마음으로 검에 입을 맞추었다. 그가 검에 관심을 보이자 기사들이 기뻐했다. 늙은 성주가 그를 안아 주며, 그의 손을 성묘의 해방에 써 달라고, 기적을 행하는 십자가를 어깨에 짊어지도록 격려했다. 그는 당황했다. 그의 손이 검에서 벗어날 수 없을 것 같았다.

"젊은이, 한번 생각해 보게."

하고 늙은 기사가 말했다.

"새로운 십자군 원정대가 곧 출정할 걸세. 황제가 직접 우리 군대를 동방의 나라로 이끌 걸세. 전 유럽에 걸쳐 다시 십자군 원정의 외침이 새롭게 들끓고 있다네. 그리고 영웅다운 열의가 곳곳에서 솟고 있다네. 우리가 일 년 안에 승리자로서 세계적인 도시 예루살렘에 나란히 앉아 고국의 포도주를 마시면서 고향을 떠올리게 될지 누가 알겠는가. 자네 또한, 우리 집에서 동방의 처녀를 보게 될 거네. 그들은 우리 서양인들에게는 아주 매력적으로 보이지. 검 다루는 법을 잘 숙달해 두면, 자네는 포로로 잡힌 예쁜 처녀들을 차지할 수 있을 거네."

기사들은 목청을 높여 당시 유럽 전역에서 불리던 십자군 원정의 노래를 불렀다.

성묘는 거친 이교도들 아래 있네
그리스도가 누워 있는 성묘는
모욕과 조롱을 겪고 있지

매일매일 신성 모독이 행해지고
탄식이 공허한 목소리로 흘러나오네
누가 나를 이 분노로부터 구원해 줄 것인가!

그의 영웅적인 제자들은 어디 있는가?
기독교 정신은 사라져 버렸구나!
믿음을 불러올 자 누구인가?
누가 이 시대에 십자가를 질 것인가?
누가 가장 치욕적인 사슬을 끊고
성묘를 구제할 것인가?

깊은 밤 성스러운 질풍이
땅과 바다에 세차게 몰아쳤지.
태만하게 잠을 자는 자들을 깨우기 위해
야영지와 도시, 탑 주위로
쏴쏴 소리를 내며
모든 성가퀴 주변에서 탄식의 고함을 질러댔지.
일어나라 게으른 기독교인들이여, 떠나라 여기에서.

사방에서 천사들이
진지한 얼굴로 말없이 모습을 드러내고
사람들은 문 앞에서 순례자가
근심 어린 얼굴로 서 있는 것을 보았지.
가장 불안한 목소리로
사라센인들의 잔인함을 한탄했다네.

광활한 기독교인들의 땅에
붉고 우중충하게 아침이 찾아오고
애수와 사랑의 고통이
모든 이에게 찾아왔지.
사람들이 십자가와 칼을 움켜쥐고
집에서 뛰쳐 나와 활활 타오르며 출정했다네.

성묘를 해방시키려는
열정이 큰 무리를 지어 몰아치고
되도록 빨리 성묘를 보고 싶은 마음에
즐겁게 바다로 서둘러 갔지.
어린아이들도 달려 나가
성스러운 무리에 합류했다네.

승리의 깃발 안에 십자가 나부끼고
늙은 영웅들이 앞장 서네.
성스러운 천국의 문이
경건한 전사들에게 열리리라.
누구든 그리스도를 위해 피 흘릴
행운을 누리려 하지.

기독교인들이여, 싸우러 가자! 신의 무리가
약속의 땅으로 함께 갈 지니
이교도들이 위대한 하느님의
공포의 손길을 겪게 되고

우리는 기꺼이
이교도의 피로 성묘를 씻어 내리라.

천사들 호위 아래 거친 전쟁터 위로
성녀[11]가 강림하면
칼에 맞은 모든 이
성모의 팔 안에서 깨어나리.
성모는 성스러운 얼굴로
무기 부딪히는 아래쪽을 굽어보고 있다네.

서둘러 성지로 가자!
성묘에서 탁한 목소리가 울리네.
기독교도의 죄는
승리와 기도로 함께 용서받으리라!
이교도의 왕국은 종말을 고하고
비로소 성묘는 우리 손에 들어오리라.

하인리히의 영혼 전체가 요동쳤다. 하인리히에게 성묘는 거친 폭도들 사이에서 바위 위에 앉아 경악스럽게 온갖 학대를 받고 있는 창백하고 고귀한 젊은이의 모습으로 떠올랐는데, 그것은 마치 배경에서 무리 지어 희미한 빛을 내다가 바다의 파란 많은 파도 속에서 한없이 늘어나는 십자가를 슬픈 얼굴로 바라보는 듯했다.

바로 그때 어머니가 하인리히를 기사의 부인에게 소개하고

자 사람을 보내왔다. 기사들은 떠들썩한 술자리와 곧 닥칠 순례 생각으로, 하인리히가 자리를 뜨는 것도 알지 못했다. 하인리히는 어머니가 나이 들고 선량해 보이는 성주의 부인과 친밀하게 대화를 나누고 있는 것을 보았다. 성주의 부인은 그를 친절하게 맞아 주었다. 날이 저물기 시작한 저녁 하늘은 청명했다. 하인리히는 혼자 있고 싶은 마음이 간절했고, 좁고 깊은 아치형 창문을 통해 어두침침한 방으로 들어오는 금빛 원경에 이끌려 그녀들에게 성 밖 주변을 둘러봐도 좋다는 허락을 받아 냈다. 그는 서둘러 들판으로 나왔다. 정서적으로 몹시 흥분되었다. 먼저 오래된 바위 꼭대기에서 숲으로 우거진 계곡을 내려다보았다. 계곡을 지나 실개천이 아래로 흘러내려 물레방아를 몇 개 돌게 했지만 계곡이 워낙 깊어 그 소리를 들을 수는 없었다. 그러고 나서 그는 멀리 산을 비롯해 숲과 저지대가 보이는 곳으로 갔다. 그곳에서야 내면에 일던 불안이 진정되었다. 전쟁의 소용돌이는 사라지고, 맑고 화려한 동경만 남았다. 지금 류트가 없는 게 못내 아쉬웠다. 비록 그 악기가 원래 어떻게 만들어지고, 어떤 효과를 내는지 잘 알지는 못하지만. 찬란한 저녁의 멋진 광경이 그를 부드러운 환상으로 이끌었다. 마음에 품은 꽃이 번갯불처럼 이따금 그의 내면에 떠오르곤 했다. 그는 우거진 덤불을 지나, 이끼 낀 암석 위로 기어 올라갔다. 그때 갑자기 가까운 골짜기에서 여인의 부드럽고 매력적인 목소리가 놀라운 악기 소리에 맞춰 새어 나왔다. 그는 그 악기가 류트일 것이라고 확신했다. 그는

깜짝 놀라 걸음을 멈추고, 서툰 독일어 발음으로 부르는 노랫소
리에 귀를 기울였다.

낯선 하늘 아래 이 여린 가슴이
아직도 부서지지 않았단 말인가?
희망의 창백한 미광은
어느 때가 되어야 내 눈에 보이려나
참으로 나는 고향으로 돌아갈 수 있는 걸까?
슬픔으로 이 마음 찢어질 때까지
내 눈물 억수같이 흐르리.

나 당신에게 은매화, 또 히말라야 삼나무 같은
검은 머리카락을 보여줄 수 있다면,
형제자매들이 무리 지어 즐겁게
원무를 추는 곳으로 너를 이끌 수 있다면 좋으련만!
수놓은 옷을 입고
값진 장신구를 걸치고 뽐내는
당신의 연인을
보여줄 수 있을 텐데.

고귀한 젊은이들이 불타는 눈으로
그녀 앞에 몸을 숙이고
사랑스러운 노랫소리가
저녁별과 함께 올라오네.

우리는 연인을 믿어야 하지.
여자들에게 보내는 영원한 사랑과 신의가
이곳의 남자들에겐 전부인 게지.

이곳, 수정 같은 샘물가에
하늘이 사랑스럽게 누워 있는 곳,
진한 발삼 향기의 물결과 함께
숲 주변에서 맞부딪친
하늘이 숲의 휴식처에서
수많은 열매와 꽃 아래
각양각색의 시인들을 품고 있지.

젊은 시절의 꿈은 멀어지고,
나의 고향은 너무나 멀리 있구나.
나무들은 오래전에 베어지고
옛 성은 불타 버렸네.
마치 파도처럼
거친 군사의 무리가 쳐들어오고
천국은 사라져 버렸지.

무서운 화염이
파란 하늘로 솟구치고
거친 무리가 위풍당당한 군마를 타고
거칠게 성문 안으로 들이닥쳤네.

군도들 부딪치는 소리가 나고, 우리의 형제들
우리의 아버지는 다시는 돌아오지 못했지.
그들은 우리를 거칠게 갈라놓았다네.

나의 두 눈은 눈물로 흐려졌다네.
머나먼 어머니의 나라여,
아, 나의 눈은 사랑과 그리움 가득 담아
당신을 향해 있건만!
이 아이만 없었더라면
나 이미 오래전 단칼에
생의 사슬을 끊어 버렸을 텐데.

하인리히는 어린아이가 훌쩍훌쩍 우는 소리와 그 아이를 달래는 소리를 들었다. 그는 잡목숲을 지나 더 깊이 아래로 내려갔다. 오래된 참나무 아래에 수심에 차 여위고 창백한 여인이 앉아 있는 것을 보았다. 그녀의 목에 매달려 예쁘장한 어린아이가 울고 있었다. 그녀 옆 풀밭에는 류트가 놓여 있었다. 그녀는 안쓰러운 얼굴로 다가오는 낯선 젊은이를 보자 약간 놀랐다.

"제 노래를 들었나 보군요"

그녀가 상냥하게 말했다.

"당신 얼굴이 낯이 익어요. 생각 좀 해 볼게요. 기억력이 점점 약해지고 있어요. 그렇지만 당신의 모습은 즐거웠던 시간에 대한 특별한 기억을 일깨우네요. 오! 당신은 제 오빠를 닮은 것 같아요. 오빠는 우리에게 불행한 일이 일어나기 전에 헤어져 페르시아의 한 유명한 시인에게 갔거든요. 아마도 오빠는 아직 살아서, 누이동생의 불행에 대해 슬프게 노래를 부르고 있겠지요. 저는 오빠가 남긴 멋진 노래들 중에 몇 개밖에 알지 못해요. 고상하고 섬세했던 오빠에겐 류트가 전부였지요."

어린아이는 열 살에서 열두 살가량 되는 소녀였다. 그 아이는 낯선 젊은이를 주의 깊게 바라보고는, 가련한 출리마의 가슴에 꼭 달라붙었다. 하인리히의 마음에 동정심이 일렁였다. 그는 친절한 말로 노래를 부르던 여인을 위로하고, 더 상세하게 그녀의 이야기를 해 달라고 부탁했다. 그녀는 그 부탁을 꺼리지 않는 것 같았다. 하인리히는 맞은 편에 앉아 그녀의 이야기에 귀를 기울였다. 눈물 때문에 이야기는 자주 끊어졌다. 특히 그녀는 고향 사람들과 조국에 대해서 오래도록 칭찬했다. 그녀는 고향 사람들의 고결한 마음과 삶을 위한 문학에 대해서, 또 자연의 놀랍고 비밀스러운 매력에 대한 순수하고 강한 감수성에 대해서 이야기했다. 그녀는 비옥한 아랍 지역의 낭만적인 아름다움에 대해서도 묘사했다. 그곳은 길도 없는 모래사막 한가운데 있는 행복한 섬과 같으며, 안정을 필요로 하고 압박받는 이들을 위한 은신처요 천국이 다스리는 땅 같다고도 했다. 또 그곳에는 무성한 풀과 반짝이는 돌들을 지나, 오래되어 유서 깊은 임원林園사이로 졸졸 흐르는 신선한 샘물이 풍부하다고 했다. 그리고 아름다운 곡조로 노래하는 다채로운 새들이 가득하고, 보전할 만한 이전

시대의 다양한 잔재들이 매력적이라고도 했다.

"당신은 오래된 석판에 새겨진 밝고 다양한 색채의 독특한 특징과 그림들을 보면 놀랄 거예요."

그녀가 말했다.

"그것들이 잘 알려지고, 보전된 데는 이유가 있지 않을까요? 보고 또 보면 상세한 의미를 짐작할 수 있겠지요. 그러면 더 열렬히 이 태곳적 비문들의 심오한 맥락을 추측하고 싶은 열망에 빠져들게 되지요. 그것에 담겨 있는 미지의 정신이, 비록 우리가 원하던 것을 발견하지 못하고 그곳을 떠나더라도 비범한 생각을 자극하여, 사람들은 그것 안에서 수천 가지 괄목할 만한 것을 찾아냈지요. 그것들이야말로 우리의 삶에 새로운 윤기를, 또 정서에 오랫동안 매달려 볼 만한 일을 제공해 줄 겁니다. 오래전부터 사람들이 살아 왔고, 예전에 이미 근면과 활동, 애정을 통해 찬미받은 땅에서의 삶은 독특한 매력을 지니지요. 자연은 그곳에서 더 인간적이고 더 이해할 수 있게 되는 것 같고, 투명한 현재 속에 있는 어렴풋한 회상이 그 세계의 이미지를 분명하게 반사하지요. 그래서 사람들은 이중적 세계를 누리게 되는 겁니다. 이로써 세계는 격렬함과 폭력을 버리고 감각의 마법적인 시와 동화가 되는 거예요. 지금은 볼 수 없는, 예전에 살던 사람들의 알 수 없는 영향력이 작용하고 있지 않다고 누가 말할 수 있겠어요. 그리고 어떤 각성의 시기가 닥쳐오자마자 사람들에게 새로운 고향을 떠나 조상의 옛 고향으로 돌아가도록, 파괴적일 정도로 아주 조급하게 몰아가 이 땅을 차지하려고 재산과 피까지 기꺼이 바치려고 감행하는 것도 모두 이 어렴풋한 활동인 것 같아요."

그녀는 잠시 멈췄다가 말을 이었다.

"사람들이 제 고향 사람들의 잔인함에 대해 말하는 것을 믿지 마세요. 포로들은 그 어느 곳에서도 그보다 더 관대하게 대접받지 못할 겁니다. 또 당신들의 예루살렘 순례도 환대를 받았지요. 단지 그런 환대를 받을 만한 사람이 드물었을 뿐이에요. 대개는 변변치 못하고 사악한 사람들이었어요. 그들은 자신들의 성지 순례를 파렴치한 행동으로 손상시켰고, 그럼으로써 종종 응분의 복수를 당한 겁니다. 기독교인들은 끔찍하고 쓸데없는 전쟁을 시작하지 않고도 조용하게 자신들의 성묘를 방문할 수도 있었어요. 그 전쟁은 모든 것을 비통에 빠지게 하고, 끝도 없는 증오를 확산시켰고, 동방의 나라를 영원히 유럽과 갈라놓았지요. 소유자가 누구인지가 뭐가 그리 중요한가요? 우리의 왕들도 당신들의 성자가 묻힌 무덤을 경건하게 존중했지요. 우리 역시 그분을 신적인 예언자로 여겼답니다. 성묘는 행복한 이해의 요람이자, 영원하고 자비로운 결속의 동기가 될 수 있었어요!"

그들이 이야기를 나누는 사이 저녁이 찾아왔다. 밤이 시작되고, 달이 촉촉한 숲에서 위안을 주듯 빛을 내면서 솟아올랐다. 그들은 천천히 성으로 걸어 올라갔다. 하인리히의 머릿속은 생각으로 꽉 찼다. 전쟁의 감격은 완전히 사라져 버렸다. 그는 이 세계에 존재하는 놀라운 혼란을 알아챘다. 달이 구경꾼처럼 높은 곳에서 위안이 되듯 쳐다보다가, 그를 울퉁불퉁해 보이는 지구 위로 들어올렸다. 그곳은 방랑자에게는 거칠고 극복할 수 없게 여겨지겠지만 공중에서 보면 지극히 하찮은 것처럼 보였다. 출리마는 어린아이를 데리고 하인리히 옆에서 조용히 걸어갔다. 하인리히는 류트를 들고 있었다. 그는 장차 조국을 다시 보고 싶어 하는, 함께 걷고 있는 여인의 꺼져가는 소원을 되살려 주고 싶었다. 그는 내심 그녀의 구원자가 되어야 한다는 강렬한 소명을 느꼈지만, 어떤 방식으로 그렇게 할 수 있는지는 알지 못했다. 그런데도 그의 소박한 말에는 독특한 힘이 있는 것처럼 보였다. 왜냐하면 출리마가 그의 말에 전에 없는 안정감을 느끼고 위로의 말을 해 준 것에 대해 매우 감동해서 그에게 감사했기 때문이다.

기사들은 아직 술을 마시고 있었고, 어머니는 집안일에 대한 이야기를 나누고 있었다. 하인리히는 소란스러운 홀로 다시 돌아가고 싶지 않았다. 피곤했다. 그래서 곧바로 어머니와 함께 배정받은 침실로 갔다. 그는 어머니에게 잠자리에 들기 전에 자기에게 무슨 일이 있었는지 이야기하고, 곧 즐거운 꿈속으로 빠져들었다. 상인들도 적절한 시간에 파했기 때문에 다음날 일찍 다시 일어났다. 기사들은 그들이 떠날 때까지 잠속에 빠져 있었고 성주의 부인은 다정하게 작별을 고했다.

출리마는 거의 잠을 이루지 못했다. 내면의 기쁨이 그녀를 깨어 있게 했다. 그녀는 출발할 때 나타나서, 여행자들에게 겸손

하게 또 부지런히 시중을 들었다. 그들이 작별 인사를 할 때 그
녀는 많은 눈물을 흘리면서, 류트를 들고 와 떨리는 목소리로 자
신을 기억할 수 있도록 가져가 달라고 하인리히에게 부탁했다.

"이것은 제 오빠의 류트에요."

그녀가 말했다.

"헤어질 때 오빠가 준 건데, 제가 소중하게 보존하고 있었지
요. 어제 보니 당신이 이걸 무척 마음에 들어하는 것 같더군요.
당신은 제게 희망이라는 달콤하고 귀중한 선물을 남겨 주셨어
요. 이 보잘것없는 선물을 받아 주세요, 감사의 표시랍니다. 가
련한 출리마에 대한 추억의 증표로 여겨 주세요. 우리는 분명
히 곧 다시 만날 거에요, 정말 그렇게 된다면 저는 훨씬 행복하
겠지요."

하인리히는 울었다. 그녀에게 더없이 소중한 그 류트를 받
을 수는 없었다.

"그렇다면 당신이 머리에 하고 있는 그 황금 리본을 주세요."

그는 말했다.

"알 수 없는 글씨가 새겨져 있는 그거요. 그것이 당신의 부
모님이나 혹은 형제자매의 기념물이 아니라면 말입니다. 그리
고 대신 제 어머니의 베일을 받아 주세요. 어머니도 기꺼이 허
락하실 겁니다."

출리마는 결국 그의 말을 따르기로 하고 리본을 건네주면
서 말했다.

"이 글씨는 제 모국어로 쓴 제 이름이에요. 좋았던 시절에 제가 직접 수를 놓은 거랍니다. 이 리본을 바라볼 때마다, 이 리본이 오랜 슬픈 세월에 걸쳐 제 머리를 묶어 주었으며, 주인과 함께 색깔이 바랬음을 즐겁게 기억해 주세요."

하인리히의 어머니는 그녀를 끌어당겨 얼싸안고 눈물을 흘리며 베일을 벗어 그녀에게 건네주었다.

5장

광부와 은둔자, 제목 없는 책

그들은 며칠에 걸쳐 여행을 한 뒤에 한 마을에 도착했다. 그곳
은 깊은 계곡으로 가로막힌 뾰족한 구릉의 발치에 놓여 있었다.
비록 구릉의 산등성이가 활기 없이 위협적이기는 했지만, 비옥
하고 쾌적했다. 여관은 깨끗했고, 종업원들은 곰살맞았다. 일부
는 여행객이고, 일부는 단순한 술손님으로, 많은 사람들이 홀에
앉아서 여러 가지 일에 대해 이야기를 나누고 있었다.

　우리의 여행객들도 그들과 어울려 대화에 섞였다. 술집 안
에 있는 사람들의 관심은 낯선 복장을 하고 식탁에 앉아 있는 한
노인에게 특히 쏠려 있었다. 그 노인은 호기심에 가득 찬 그들의
질문에 친절하게 답해 주고 있었다. 낯선 나라에서 온 그는 오늘

아침 일찍 지역 주변을 충분히 살펴보았고, 지금은 자신의 직업과 오늘 발견한 것들에 대해서 이야기하고 있었다. 사람들은 그를 보물 채굴꾼이라고 불렀다. 그는 자신이 아는 것들과 자신의 능력에 대해서 아주 겸손하게 말했다. 그렇지만 그의 이야기는 독특하고 새로운 특징을 지니고 있었다. 그는 자신이 보헤미아 출신으로, 젊었을 때부터 산속에 무엇이 묻혀 있는지, 우물 속의 물은 어디서 생겨나는지, 그리고 사람들의 마음을 사로잡는 금과 은, 값진 보석들은 어디서 찾을 수 있는지에 대해 알고 싶은 강렬한 호기심을 가지고 있었노라고 했다. 집 근처 수도원의 성화와 성유물에서 이처럼 단단한 보석을 자주 보았는데, 그것들이 그저 말을 걸어 자신들의 신비한 유래를 알려주기를 바랐다고도 했다. 또 그것들이 아주 먼 나라들에서 온 것이라는 말을 가끔 들었다고도 했다. 그때마다 보석과 보물이 왜 자신이 사는 지역에는 없는지 생각해 보았다고 말했다. 산들이 웅장하고 높이 솟아 있는 데다가 변함없이 보존되어 있었는데 보물과 보석이 없을 리 없으며, 게다가 산에서 가끔 번쩍이는 돌을 본 것 같은 생각이 들기도 했기 때문이다. 그는 엉금엉금 기어서 바위틈과 동굴을 열심히 살펴보았으며, 엄청난 기쁨을 느끼면서 태곳적 회랑과 천장들을 둘러보았다는 것이다.

그러다 한 여행객을 만났는데, 그 여행객은 그에게 광부가 되어야 그 같은 호기심을 충족시킬 수 있을 것이라고 말했다고 했다. 그러면서 보헤미아에도 여러 개의 광산이 있으며, 계속해서 계곡을 타고 강줄기를 따라, 열흘에서 열이틀 가량 가다 보면 오일라[12]라는 곳에 도착하게 될 것인데, 그곳에서 광부가 되고 싶다고 말만 하면 된다는 것이었다. 그는 그 말을 두 번 들을 필요도 없이 당장 다음 날 길을 나섰다고 했다.

"며칠에 걸친 힘든 여행을 끝낸 다음에 나는 오일라에 도착했지."

그는 계속해서 말했다.

"내가 막 산 언덕배기에 올라 군데군데 자라고 있는 푸른 관목들과 판자오두막들이 자리 잡은 바위무더기와 그리고 계곡 아래쪽 숲 위로 피어오르는 구름을 보았을 때, 내 기분이 어땠는지 설명할 방법이 없네. 멀리서 들려오는 덜커덩 소리는 또 얼마나 가슴 뛰게 했는지. 엄청난 호기심과 경외감에 가득 차 곧 '광석 조각 더미'라고 불리는 바위 무더기 위에 올라서자 내 앞에 시커먼 수직갱이 있더라구. 그 갱은 오두막 안쪽에서 가파르게 수직으로 나 있었지. 나는 서둘러 계곡으로 내려갔어. 얼마 지나지 않아 검은 옷을 입고 손에 등불을 든 사람들을 만났는데, 그들이 광부라는 것을 곧바로 알아보았어. 그들에게 불안한 마음으로 머뭇거리며 나의 소원을 말했지. 그들은 내 말에 귀를 기울여 듣더니, 내게 제련소가 있는 곳까지 내려가서, 우두머리이자 주인인 갱부 감독을 찾으라고 하더군. 그러면 그 감독이 나를 받아들일 것인지 아닌지 답을 줄 것이라고 했어. 그들은 내가 소원을 이루게 될 것이라고 하면서 감독에게 말을 걸 때 쓰라고

'행운을 빕니다.'라는 습관적인 인사말도 가르쳐 주었지. 나는 기대에 부풀어 계속해서 발길을 재촉했지. 걸어가면서 방금 배운 의미심장한 새로운 인사법을 끊임없이 반복했어. 곧 기품 있는 한 노인을 만났고, 그 노인은 나를 아주 친근하게 맞아주었지. 나는 진귀하고 신비스러운 기술을 배우고 싶다는 바람을 분명하게 말했어. 그는 기꺼이 내 소원을 들어주겠다고 약속했지. 내가 그의 마음에 든 것처럼 보였어. 나를 자기 집에 묵도록 해주었거든. 나는 갱에 들어가서, 매력적인 보물들 속에 있게 되는 순간을 손꼽아 기다렸어. 그날 저녁에 그는 내게 광부 옷을 가져다주고, 다른 방에 보관되어 있는 여러 가지 연장들의 사용법을 가르쳐 주더군.

광부 몇 명이 그를 찾아왔어. 나는 그들이 나누는 대화를 놓치지 않고 들으려고 애썼어. 그러나 그들의 언어와 이야기 대부분이 낯설고 이해가 되지 않더라구. 그래도 알아들었다고 생각한 몇 마디 말은 호기심을 더욱 자극했어. 그래서인지 그날 밤 나는 여러 가지 진귀한 꿈을 꾸었지. 다음날 나는 제때에 눈을 떴고, 새로운 주인을 찾아갔지. 다른 광부들도 그에게서 지시를 받기 위해서 점차로 모여들었어. 그는 방 하나를 조그만 예배실로 꾸며 놓았더라구. 한 수도사가 미사를 집전하고, 이어서 엄숙한 기도를 올렸지. 하늘을 향해 하늘의 성스러운 품으로 광부들을 보호해 주고, 위험하기 그지없는 일을 하는 그들을 도와주고, 사악한 정령들의 공격과 책략으로부터 그들을 막아 주고, 그들에게 넉넉한 광맥을 내려 달라고 기도했지. 나는 평생 그때처럼 열정적으로 기도해 본 적이 없었어. 그리고 미사의 고귀한 의미를 그때보다 더 생생하게 받아들인 적도 없었지.

앞으로 나의 동료가 될 사람들이 내겐 지하의 영웅처럼 보였어. 그들은 수많은 위험을 극복해야 하는 동시에 남의 부러움을 살 만큼 아는 것이 많아 보였거든. 그리고 자연의 어둡고 놀라운 갱들 속에서 태초의 바위들과 조용하고 진지하게 교류하면서 그들은 하늘의 선물을 받아들이고, 즐겁게 세상사의 곤궁을 넘어서도록 고양되어 있는 것 같았지.

미사가 끝나자 감독은 내게 등불과 조그만 나무 십자가를 건네주고는 '지하로 들어서는 가파른 입구'라고 부르는 익숙한 갱도로 데리고 갔어. 그는 내게 갱도로 내려가는 요령과 필요한 안전 수칙, 그리고 다양하게 생긴 물건과 부품 들의 이름을 알려 주었어. 그러고는 앞장서서 둥근 들보를 타고 미끄러지듯이 아래로 내려갔지. 한 손에는 등불을 들고 다른 한 손으로는 옆 기둥에 늘어져 있는 밧줄에 몸을 의지하면서 말이야. 같은 방법으로 우리는 순식간에 아주 깊은 곳까지 내려갔어. 이상하리만큼 엄숙한 기분이 들었지. 등불은 숨겨진 자연의 보고로 가는 길을 알려주는 행운의 별처럼 반짝였어. 우리는 미궁 같은 갱도로 내려갔지. 친절한 스승님은 지칠 줄 모르고 호기심 많은 질문에 대답하면서 자신의 기술을 가르쳐 주었어. 졸졸대는 물소리, 사람들이 거주하는 지표면으로부터의 거리감, 미로 같은 갱도 속의 어둠, 그리고 멀리서 들려오는 광부들의 일하는 소리 등은 내 마음을 더없이 기쁘게 해 주었어. 나는 드디어 오래전부터 간절히 바라던 것을 갖게 되어 너무나 기뻤지. 가장 갈망하던 소원이 성취되는 순간을, 그 여러 가지 것에서 느끼는 엄청난 희열을 말로 표현할 수 없었어. 그 모든 것이 이곳의 신비스러운 존재와, 그리고 이미 요람에서부터 우리에게 운명적으로 주어진 직업과 밀접한 관계를 맺고 있는 것 같았어. 다른 사람들에게는 하찮고 아무런 의미도 없고 심지어 두렵게 느껴질 수도 있겠지만, 내겐 폐에 공기가 필요하듯, 위에 음식이 필요하듯 없어서는 안 될 것처럼 여겨졌어. 나의 늙은 스승은 내 내면적인 환희에 기뻐했으며, 그렇게 부지런히 주의를 기울여 노력하면 머지않아 숙련된 광부가 될 거라고 예언해 주었지.

내가 바위틈 사이에 얇은 조각들로 박혀 있는 금속의 왕을 생전 처음으로 본 것은 지금으로부터 45년 전 3월 16일이었어. 그것은 마치 견고한 감옥에 갇힌 것처럼 그곳에 갇혀서, 자신을 한낮의 광명을 받도록 채굴하기 위해 숱한 위험과 고통을 무릅쓰면서 단단한 장벽을 뚫고 자기에게 오는 길을 낸 광부를 향해 다정하게 반짝이는 것 같았지. 그렇게 해서 그것은 왕관과 집기와 성스러운 유물이 되는 영광을 누리고, 초상화가 그려진 동전이 되어 사람들의 존경을 받으며 세상을 지배하고 이끌게 되는 거지. 그때부터 나는 오일라에 머물렀어. 그리고 차츰 갱부의 자리까지 올라갔지. 갱부는 바위 위에서 일을 하는 본연의 광부라고 할 수 있지. 처음에는 캐낸 광석을 용기에 담아 나르는 일을 담당하도록 고용되었거든."

늙은 광부는 잠시 이야기를 멈추고 술을 마셨다. 그러자 주의를 기울여 그의 이야기를 듣던 사람들이 "행운을 빕니다."라고 외쳤다. 하인리히는 노인의 이야기가 매우 흥미로웠고 더 많은 이야기가 듣고 싶어졌다.

이야기를 듣고 있던 사람들은 광산업의 위험성과 진귀함에 대해 환담하면서 그것에 얽힌 놀라운 소문들에 대해 물었다. 노인은 자주 미소를 지으며 상냥하게 그들의 왜곡된 개념을 바로잡아 주려고 노력했다.

잠시 후 하인리히가 말했다.

"어르신은 그 뒤로 많은 일을 보고 겪으셨을 것 같은데, 어르신이 선택한 인생에 대해 후회하지는 않으시는지요? 괜찮으시다면 그 뒤로 어떻게 지내셨는지, 그리고 지금은 어디로 여행을 하시는 중인지 말씀해 주시겠어요? 어르신은 세상 곳곳을 돌아다니셨을 테지요. 추측하건대 지금은 평범한 광부 그 이상이신 것 같군요."

"그 흘러간 시절을 회상하는 건 늘 즐거운 일이지."

노인이 말했다.

"신의 자비로움과 호의를 누리게 되는 계기가 마련된 때가 그 시절이었어. 운명은 나를 행복하고 즐거운 인생을 살도록 이끌어 주었고, 감사의 기도를 드리지 않고 잠자리에 든 적이 단 하루도 없었다네. 내가 하는 일에는 언제나 운이 따랐어. 하늘에 계신 우리 모두의 아버지께서는 나를 악으로부터 감싸 주고, 내가 명예롭게 늙어갈 수 있도록 해 주었지.

신 다음으로 내가 모든 것을 빚진 분은 늙으신 스승님이야. 오래전에 조상들의 품으로 돌아가신 그분을 생각할 때마다 나는 눈물이 난다네. 그분은 하느님의 마음을 따르던 태곳적 시대에서 온 사람 같았지. 그분은 깊은 통찰력을 갖추었으면서도 행동은 늘 겸손하고 순진무구하셨어. 그분을 통해 광산업은 크게 번창했고, 보헤미아의 대공에게 엄청난 황금을 안겨 주셨지. 그렇게 해서 사람들이 몰려들어 그 지역은 풍족해졌고, 나라가 번창하게 되었지. 모든 광부는 그분을 아버지로 모시고 존경했어. 그리고 이 세상에 오일라가 존재하는 한, 그분의 이름은 감동과 감사의 마음으로 불릴 테지.

그분은 루사티아라는 곳에서 태어나셨고, 이름은 베르너였다네. 집에 갔을 때 그분에겐 아직 어린 외동딸이 있었어. 나는 부지런함과 성실함, 또 그분을 무조건적으로 존경하며 따르는 충직함으로 인해서 날이 갈수록 그분의 사랑을 더 많이 받게 되었지. 그분은 내게 자신의 이름을 주고 아들로 삼았어. 그 어린 소녀는 곧 씩씩하고 쾌활한 모습으로 성장했지. 그녀의 얼굴은 정겨운 마음씨만큼이나 곱고 희었어. 나를 헌신적으로 따르는 그녀와 농담을 주고받으며, 하늘처럼 파랗고 숨김이 없으며 수정처럼 반짝이는 그녀에게서 눈을 떼지 못하는 나를 볼 때마다 그분은 내가 훌륭한 광부가 되면 그녀를 아내로 삼는 것을 허락하겠다고 말씀하시곤 했지. 그분은 약속을 지키셨어. 내가 광부가 되는 날, 그분은 우리 머리에 손을 얹고서 정식 연인으로 축복해 주셨거든. 그로부터 몇 주가 지난 뒤 나는 아내로서 그녀를 나의 방으로 데리고 갔어. 결혼식 날 아침, 해가 막 뜨기 시작할 즈음 아직 광원수련생으로서 오전 근무조로 작업에 투입된 나는 굉장한 금맥을 찾아냈지. 대공이 커다란 주화에 자신의 초상이 새겨진 금목걸이를 내게 보내 오셨어. 그리고 나의 장인에게 공직을 내리겠다고 약속하셨지. 결혼식 날 나는 그 목걸이를 나의 신부의 목에 걸어 주었어. 사람들의 눈길이 그녀에게 쏠렸을 때 나는 얼마나 행복했는지 몰라. 우리의 늙은 아버지는 건강한 손자들까지 보실 수 있었어. 황혼기에 그분의 수확은 성공적이었고 그분이 생각했던 것보다 풍성했어. 그분은 자신의 작업을 기쁜 마음으로 끝내고 어두운 갱도를 떠나실 수 있었지. 그분은 이제 편히 쉬면서 커다란 보답으로 돌아올 마지막 날을 기다리고 계시는 중이야."

"이보게 젊은 친구"

노인이 하인리히 쪽으로 몸을 돌려 눈가에 맺힌 눈물을 닦으면서 말했다.

"광산업은 마땅히 신의 축복을 받았다네! 왜냐하면 광산업보다 그 일에 종사하는 사람들을 더 행복하고 고상하게 만들어주고, 하늘의 지혜와 섭리에 대한 믿음을 더 일깨우며, 순진무구하고 천진난만한 마음을 더 유지시켜 주는 예술은 없기 때문이네. 광부는 가난하게 태어났다가 가난하게 세상을 뜨는 법이지. 광부는 광맥을 찾아내 그것을 채굴하기만 할 뿐이거든. 금속의 반짝이는 빛도 순수한 마음도 마음대로 움직일 수 없다네. 광부는 금속들의 특이한 구조나 유래와 산지産地의 신기함에 대해서 기쁨을 느낄 뿐 많은 것을 약속해 주는 금속들을 소유하는 일에는 관심이 없지. 금속들이 일단 상품이 되면 그것에 더 이상 매력을 느끼지 않아. 그는 그것들의 외침을 좇아 세상을 두루 돌아다니거나 땅 위에서 기만적이고 교활한 기술로 그것들을 얻으려하기보다 오히려 수많은 위험과 수고를 무릅쓰면서 그것들을 땅속 요새에서 찾는 걸 더 즐기지.

그런 수고는 광부의 마음을 신선하게, 또 감각을 야무지게 만들어 준다네. 광부는 자신의 보잘것없은 임금을 진심 어린 감사의 마음으로 사용하고 작업장인 어둠의 갱도에서 날마다 젊어진 생의 기쁨을 얻어 올라오기 때문이지. 그들만이 빛과 휴식의 매력을, 바깥 공기와 주변의 멋진 풍경의 매력을 알 뿐만 아니라 음료수와 음식도 마치 성체聖體를 받들 듯 참으로 신선하고 경건하게 대하지. 또 광부는 엄청나게 다정하고 감성적인 마음으로 가족에게 돌아와 아내와 아이들을 안아 주고 그들과 친밀한 대화를 나누게 된 것에 대해 감사하게 생각한다네.

이들의 작업은 외롭기 마련이야. 인생 대부분의 시간 동안이들을 낮의 일상생활로부터 그리고 다른 사람들과의 교류로부터 갈라놓기 때문이지. 광부들은 초지상적이고 심오한 것들에 대해 타성적으로 무관심해지지 않아. 오히려 어린아이 같은 심성을 유지하여, 모든 것이 독특한 정신과 더불어, 근원적이고 다채로운 경이 속에서 나타나지. 자연은 어느 한 개인의 완전한 소유물이 되길 원치 않아. 개인의 소유물이 되면 자연은 사악한 독약이 되어 버리거든. 그렇게 되면 안정은 깨지고, 소유자의 끝없는 근심과 험악한 열정으로 인해 모든 것을 소유자의 영역 안으로 끌어들이려는 악의적인 욕망을 꾀어내게 되겠지. 그러면 자연은 몰래 그 소유자의 땅 밑을 파서는 꺼져 들어가는 심연 속에 그를 곧 매장해 버리지. 그렇게 해서 자연은 이 손에서 저 손을 거치면서 모두에게 속하려는 자신의 성향을 점차적으로 만족시키는 거지.

그에 반해서 가난하고 겸손한 광부는 땅속 깊은 황무지에서 얼마나 조용히 일을 하는지. 고독 속에서, 일상의 산만한 소요에서 멀리 떨어져 오로지 지식욕과 조화에 대한 사랑에 고무된 채, 진심 어린 마음으로 자신의 동료와 가족을 생각하며, 모든 인간은 서로 간에 없어서는 안 될 혈족 관계임을 언제나 새롭게 느끼지. 광부라는 직업은 지칠 줄 모르는 인내를 가르쳐 주며, 집중된 마음이 쓸데없는 생각으로 흩어지는 것을 허용하지 않아. 광부는 단단하고 쉽게 굴복하지 않는 놀라운 힘(굽힐 줄 모르는 노력과 끊임없는 경계심을 통해 극복할 수밖에 없는)으로 일을 해나가야만 하지. 그러나 이 끔찍한 심연 속에서도 귀중한 꽃이 피어난다네. 그것은 바로 하늘에 계신 아버지에 대한 진정한 믿음이야. 하느님의 손과 섭리가 그의 눈에는 날마다 분명한 징표로 나타나지. 나도 갱도 끝에 앉아 등불로 비추면서 경건한 마음으로 소박한 십자가상을 헤아릴 수도 없이 자주 들여다 보곤 했어! 그때 비로소 그 수수께끼 같은 형상에 깃들어 있는 신성한 의미를 깨닫게 되었지. 또한 내 가슴속의 가장 소중한 전환의 순간을 발견하게 되었어. 갱도는 내게 영원한 산출물을 보장해 주었지."

노인은 잠시 멈추었다가 말을 이었다.

"아마도 인간들에게 광산업이라는 이 고상한 기예를 처음으로 가르쳐 주고 암석의 품속에 이처럼 인간 삶의 진지한 상징을 숨겨 놓은 이는 신적인 인물이 분명해. 어떤 곳의 암맥은 두껍고 쉽게 캐지지만 질이 떨어지고, 다른 곳에서는 암석의 하찮고 중요하지 않은 틈바구니 속에 광맥을 압착해 넣었어. 그런데 바로 거기에 가장 고상한 광석과 그것을 함유하고 있는 광맥이 있지. 다른 광맥들이 이 광맥의 질을 떨어뜨리기도 하지만, 유사한 광맥이 이 광맥과 다정하게 무리를 이루면서 이 광맥의 가치를 한없이 올리기도 하지. 광맥이 광부의 눈앞에서 산산조각으로 부서지는 경우도 종종 있어. 그러나 끈기 있는 사람은 조금도 놀라지 않고 조용히 갈 길을 가지. 그리하여 곧 다시 새로운 두께와 좋은 성질의 광맥을 찾아내서 그의 열정이 보답을 받게 되는 거야. 가끔 유사한 지맥이 그를 올바른 방향에서 그릇된 쪽으로 유혹하지만 그는 자신의 방향이 잘못되었음을 금방 알아차리고 단호하게 방향을 틀어 버린다네. 그렇게 해서 드디어 광석을 품고 있는 진짜 광맥을 발견하게 되지. 이때 광부는 정말이지 모든 우연의 변덕과 친해질 수밖에 없어. 그렇지만 동시에 열정과 끈기만이 그러한 난관을 극복하고, 또 그것들이 끈덕지게 지켜지고 있는 보물들을 캐낼 수 있는 유일하고 확실한 도구라는 것을 잘 알게 되지."

"어르신께서는 용기를 북돋워 주는 노래도 틀림없이 많이 아시겠지요."

하인리히가 말했다.

"제 생각으로는 어르신의 직업이 입에서 저절로 노래를 부르도록 고취시킬 것 같아요. 음악은 광부들의 절친한 동반자가 아닌가요?"

"젊은이 말이 맞네."

노인이 대답했다.

"노래와 치터[13] 연주는 광부들의 삶 그 자체라네. 어떤 계층도 우리보다 노래와 치터의 매력을 즐겁게 누릴 수 없을 걸. 노래와 춤은 광부들의 진정한 기쁨이지. 즐거운 기도와 같아. 노래와 춤을 회상하고 희망하다 보면 힘든 작업도 수월하게 해낼 수 있고, 또 지루한 고독을 축소시킬 수 있지. 젊은이가 원한다면 내가 젊었을 때 자주 부르던 노래를 바로 불러 보겠네."

땅의 깊이를 재고
땅의 품에서 그 어떤 어려움도
잊어버리는 사람,
그런 사람이 땅의 주인이지.

바위들 팔다리의
내밀한 구조를 알며,
아무런 두려움 없이 꾸준히
일터로 내려가는 사람.

그는 땅과 동맹을 맺고
땅을 내면으로 신뢰하고
마치 땅이 그의 신부인 것처럼,
땅에 의해 뜨거워진다네.

그는 날마다 새로운 사랑으로
땅을 관찰하고
땀과 고생을 마다하지 않고,
땅은 그에게 휴식을 허용하지 않지.

땅은 그에게
오래전 흘러간 시간의
굉장한 이야기를
다정하게 들려줄 준비가 되어 있지.

태곳적 성스러운 바람이
그의 얼굴을 스치고
그 틈들의 어둠 속으로
영원한 빛이 그를 비추지.

가는 길마다
잘 아는 땅을 만나고,
땅은 그의 손이 하는 일을
반갑게 받아들인다네.

산을 따라 오르다 보면 도움이 되는
새로운 물길[14]이 이어 흐르고,
모든 바위의 성채들이
보물을 보여 주네.

그가 황금의 강줄기를
왕의 궁전으로 이끌어
모든 왕관을
고귀한 보석들로 장식하지.

왕을 향해 충성스럽게
행운 어린 팔을 내밀지만,
왕에게 별다른 걸 요구하지는 않는다네
그렇게 그는 가난하지만 기쁘게 살지.

산 아래서는 재산과 황금을 뺏으려고
살인이 벌어지지
이 세상의 주인인 그는
그냥 산 위에 머문다네.

이 노래가 하인리히에게는 특히 마음에 들었다. 그는 노인에게 한 곡만 더 알려 달라고 부탁했다. 노인은 바로 준비하면서 이렇게 말했다.

"내가 알고 있는 아주 놀라운 노래가 있는데, 우리도 그 노래가 어디서 왔는지 모른다네. 멀리서 찾아온 한 여행 중인 광부가 그 노래를 갖고 왔지. 그는 마술 지팡이를 들고 수맥을 찾아다니는 좀 특이한 사람이었어. 사람들에게 큰 갈채를 받은 그 노래는 아주 야릇하게 들렸어. 내용도 음악도 너무 모호해서 무슨 소리인지 알 수가 없었거든. 그런데 그 때문에 믿기 어려울 정도로 마음이 끌렸고, 심취해서 꿈결처럼 즐거웠지."

나는 튼튼한 성이 있는 곳을 알고 있다네.
그곳엔 조용한 왕[15]이
훌륭한 시종[16]을 거느리고 살고 있지.
그러나 왕은 한번도 성가퀴에 올라간 적이 없어.
왕의 별채는 숨겨져 있고,
보이지 않는 감시인들[17]이 엿듣고 있지.

잘 알려진 샘물들만이 졸졸거리며
반짝이는 지붕[18]에서 그를 향해 떨어진다네.

샘물들은 자신의 맑은 눈으로
드넓은 성좌의 홀에서 본 것을
왕의 귀에 대고 충직하게 소곤댄다네.
아무리 이야기해도 충분하다고 할 수 없어
왕은 샘물에 몸을 담그고
여린 팔다리를 깨끗이 씻지.
그러면 그의 어머니[19]의 하얀 피 속에서
그 광채가 다시 빛나지.

그 성은 오래되고 놀라웠다네.
깊은 바다에 내려앉아[20]
굳건하게 서 있고 언제까지나 서서
하늘로 도망치지 못하도록 하지.
왕궁의 모든 신하는
은밀한 띠로 비밀리에 하나가 되어 있네.
그리고 구름은 승리의 깃발처럼
암벽에서 아래로 나부끼네.

어느 굉장한 일당이
굳게 닫힌 성문들을 에워싸고
모두들 충직한 하인인 척
달콤한 말로 주인을 외쳐 부르네.

왕이 있어 행복하다 생각하네
그러고도 그들은 갇혀 있다는 것은 알지 못하지.
알 수 없는 열망에 이끌리어
아무도 자신들의 고충이 무엇인지 알지 못하지.

몇몇만이 꾀가 많고 깨어 있어
왕이 주는 것을 그냥 앉아서 받으려 하지 않지.
오래된 성 밑을 파내 전복시키고자,
그저 끊임없이 갈망한다네.
내밀하게 주어진 근원적인 금제를
풀 수 있는 건 통찰력을 지닌 손뿐[21]
안에 있는 것을 드러낼 수 있어야
자유의 날이 시작되지.

열정 앞에서는 어떤 벽도 더 이상 단단하지 않고,
용기만 있으면 어떤 심연인들 다가가지 못하랴.
자신의 마음과 손을 믿고
주저 없이 왕을 찾아다니는 사람은
그를 방에서 탈출시키리라.
정령일랑 정령을 통해 쫓아내고[22]
그들은 거친 홍수를 잘 다스려[23]
그것들이 스스로 얌전히 자기 길을 가도록 하지.

왕이 이제 이 세상에 모습을 드러내고[24]
마음껏 이 세상을 떠돌수록,

그의 힘이 더 줄어들어

사람들이 자유를 더 얻을수록.

마침내 바다는 질곡에서 풀려나

텅 빈 성을 뚫고 들어가리라.

바다[25]는 우리를 부드러운 푸른 날개 위에 태워

다시 고향의 품으로 데려가리라.

노인이 노래를 마치자, 하인리히는 마치 그 노래를 예전에 어디선가 들은 적이 있는 것 같다는 생각이 들었다. 그는 노인에게 반복해 달라고 하여 그 노래를 받아 적었다. 그런 다음 노인은 밖으로 나갔다. 그 사이에 광부들은 다른 손님들과 광산업의 장점과 애로점에 대해 이야기했다. 한 사람이 말했다.

"저 노인이 이곳을 찾아온 데는 다 그럴 만한 이유가 있을 겁니다. 오늘 낮에 노인은 이곳의 구릉들 사이를 올라 다니던데, 분명 좋은 징조를 발견했을 겁니다. 노인이 돌아오면 한번 물어보도록 합시다."

그러자 다른 사람이 이어받았다.

"그 노인에게 우리 마을을 위해 좋은 샘물 자리를 하나 봐 달라고 하면 어떨까요? 아시다시피 지금 우리는 물이 너무 멀리 있잖아요. 이곳에 좋은 우물이 있으면 그만일 텐데요."

세 번째 사람이 말했다.

"막 생각난 건데, 그 노인에게 내 아들 중 하나를 데리고 갈 수 있는지 물어보고 싶네요. 그 아이는 집을 벌써 돌로 가득 채워 놨어요. 분명 훌륭한 광부가 될 수 있을 겁니다. 그리고 노인도 훌륭한 분인 것 같으니, 그 아이에게서 대단한 것을 이끌어 낼 수 있을 것 같군요."

상인들은 어쩌면 그 노인을 통해 보헤미아 지방과 좋은 거래를 터서 금속을 저렴한 값에 얻을 수 있을지도 모른다고 말했다. 노인이 다시 술집 안으로 들어왔다. 모두들 그와의 안면을 이용하고 싶어 했다. 그가 다시 말을 시작했다.

"이 비좁은 곳에 있으니까 후덥지근하고 답답하지 않나? 밖에는 달빛이 광채를 한껏 내뿜으며 떠 있어서, 다시 한 번 구릉을 돌아보고 싶어지는군. 오늘 낮에 근처에서 유별난 동굴을 몇 개 봐 두었지. 마음만 먹으면 별 어려움 없이 그 안을 살펴볼 수 있을 것 같은데 같이 갈 사람 누구 없소? 등불만 가져가면 되겠으니 말이오."

마을 사람들은 그 동굴들을 이미 오래 전부터 알고 있었다. 그러나 지금까지 아무도 그 안으로 감히 들어가 보지 못하고 있었다. 그 안에 살고 있다는 용이나 다른 괴물들에 관한 무시무시한 전설에 마음이 쓰였기 때문이다. 몇몇 사람은 그 괴물을 직접 보았다고 하면서 끌려가서 잡아먹힌 사람들과 짐승들의 뼈를 동굴 입구에서 발견할 수 있다고 주장했다. 다른 몇몇 사람은 몇 번이나 멀리서 낯선 사람의 형상을 보았고, 또 밤중에 그곳에서 들려오는 노래를 들었던 것으로 보아 그 동굴들에 정령이 살고 있다고 믿기도 했다.

　노인은 그들의 말을 딱히 믿으려 하지 않았다. 그는 광부의 도움을 받으면 안심하고 함께 갈 수 있다며, 괴물들은 그를 겁낼 테고, 노래하는 정령은 분명 고마운 존재일 것이라고 웃으면서 단언했다. 많은 사람이 호기심에 용기를 내서 그의 제안을 수락했다. 하인리히 역시 노인을 따라가고 싶었다. 하인리히의 어머니는 아들의 안전을 위해 각별히 조심하겠다는 노인의 약속과 설득하는 말을 듣고서야 마침내 하인리히의 부탁을 들어주었다. 상인들 역시 함께 가기로 결심했다. 사람들은 횃불용 관솔 가지를 끌어모았다. 일행 중 일부는 사다리와 막대기, 밧줄, 온갖 방어용 도구들을 남아 돌 만큼 많이 준비하기도 했다. 그렇게 근처 야산을 향한 순례가 시작되었다. 늙은 광부는 하인리히, 상인들과 함께 앞장섰다. 많은 것을 알고 싶어 하는 아들을 둔 농부가 그 아들을 데리고 나왔다. 아들은 매우 즐거워하면서 횃불을 하나 들고 동굴을 향해 가는 길을 가리켰다.

　저녁은 맑고 따뜻했다. 달은 부드러운 빛을 내며 산 위에 떠서 모든 생물체의 마음에 놀라운 꿈이 피어나게 했다. 달은, 태양이 꾸는 꿈인 양, 자신 안으로 침잠한 꿈의 세계 위에 놓여 있고, 수없는 경계로 갈라진 자연을 동화 같던 태곳적 시절로 도로 데려갔다. 그 시절엔 모든 것이 아직 싹으로 홀로 잠들어 있었으리라. 고독하고 어떤 손길도 닿지 않은 채, 또 아직은 알 수 없는 자기 존재의 어렴풋한 충만함을 펼치기를 헛되이 고대하면서. 하인리히의 마음속에 동화 같은 저녁이 반영되었다. 이 세계가 활짝 열린 채 쉬고 있고, 마치 친한 친구에게 그러듯 그에게 모든 보물과 숨겨진 매력을 다 보여 주는 듯했다. 그는 자기 주변에서 일어나는 소박하면서도 웅장한 현상을 쉽게 이해할 수 있을 것 같았다. 잘 이해되지 않던, 아주 가깝고 친밀한 것들을 너무나 호화로울 정도로 다양하게 사람들 주변에 탑처럼 쌓아 올려놓은 자연이 이해되기 시작했다.

늙은 광부의 말이 하인리히의 내면에 드리운 융단 뒤에 숨겨져 있던 문을 열어 준 것이다. 하인리히는 자신의 조그만 공간이 웅장한 사원 바로 옆에 지어져 있는 것을 알아보았다. 그 사원의 석조 바닥에서는 엄숙한 태고太古의 세계가 치솟았고, 반면 반구半球 천장에서는 맑고 즐거운 미래가 어린 황금빛 천사의 모습으로 과거를 향해 노래하며 부유했다. 힘찬 반향이 은빛 노래 속에 진동했고, 모든 피조물이 넓은 문으로 들어왔다. 이들은 각각 자신의 내면적인 본질을 나름의 독특한 언어로 또렷이 표현하며 소박하게 무엇인가 청원하는 듯 했다. 하인리히는 자신의 존재를 위해서 없어서는 안 되는 이처럼 뚜렷한 시계視界를 그토록 오랫동안 모르고 지냈다는 것이 얼마나 놀라웠던지. 이제 그는 자신을 둘러싸고 있는 드넓은 세계와 자신과의 모든 관계를 한눈에 조망할 수 있었다. 세계를 통해 지금의 그가 있게 되었다는 것을, 그리고 앞으로 세계가 그에게 무엇이 될지를 느꼈다. 낯설다고 느꼈던 표상과 자극을 모두 이해하게 되었는데, 그것들은 그가 예전에 이미 종종 감지하곤 했던 것들이다. 자연을 꾸준히 관찰하다가 나중에 왕의 사위가 되었다는 젊은이에 대한 상인들의 이야기가 떠올랐고, 그의 삶에 대한 수천 개의 다른 회상들이 한 줄기로 마법의 실타래처럼 이어졌다.

하인리히가 이렇게 숙고하고 있는 동안, 일행은 동굴에 가까이 다가갔다. 입구가 너무 낮았다. 노인은 횃불을 들고 앞장 서서 바위 몇 개를 기어올라 동굴 안으로 들어갔다. 제법 센 바람이 그를 맞았다. 노인은 걱정하지 말고 따라와도 좋다며 안심시켰다. 겁이 많은 사람들은 맨 뒤에서 언제든 쓸 수 있도록 무기를 준비해 따라갔다. 하인리히와 상인들은 노인 뒤를 따랐고, 농부의 아들은 노인 옆에서 활기차게 걸어갔다.

처음에는 길이 꽤 좁게 나 있었지만, 그 통로는 곧 횃불로 다 밝힐 수 없을 정도로 넓고 높은 동굴에서 끝났다. 그러나 안쪽 바위벽 사이에 입구 몇 개가 보였다. 바닥은 부드러웠으며 꽤 평평했다. 벽과 천장도 거칠거나 울퉁불퉁하지 않았다. 그러나 일행은 바닥을 뒤덮고 있는 무수한 뼈와 이빨에 정신이 팔려 있었다. 대부분은 완벽하게 보존되어 있었고, 나머지는 풍화의 기색을 보이고 있었다. 그리고 벽 여기저기에서 삐져나온 뼈들은 돌처럼 굳어 버린 것 같았다. 그것들 대부분은 엄청나게 컸고, 무척 굵었다. 노인은 태곳적 흔적을 보고 기뻐했다. 농부들은 기분이 좋지 않았다. 그들은 이 뼈와 이빨을 근처에 맹수가 있는 명백한 증거로 여겼기 때문이다. 물론 노인은 뼈와 이빨은 우리가 상상할 수 없을 정도의 태곳적 흔적이라고 설득력 있게 지적해 주었다. 그들에게 정말로 가축이 피해를 당하거나, 이웃 사람이 맹수에게 잡혀가거나 했던 경험이 있는지, 또 그 뼈들이 잘 아는 가축이나 사람의 것인가를 물었다. 노인은 더 깊은 산속으로 들어가 보자고 했다. 그러나 농부들은 동굴 앞으로 돌아가 그곳에서 노인이 돌아오기를 기다리는 편이 낫겠다고 했다. 하인리히와 상인들, 농부의 아들은 노인 곁에 남아 밧줄과 횃불을 구비했고, 곧 두 번째 동굴에 도착했다. 노인은 지나온 통로에, 구분이 되게끔 뼈를 특정 모양으로 놓아 표시해 두는 것을 잊지 않았다. 동굴은 첫 번째 것과 똑같았다. 이곳에도 동물들의 잔해가 수두룩했다. 하인리히는 두려우면서도 신비한 기분이 들었다. 하인리히는 땅속 궁전의 앞뜰을 거닐고 있는 듯했다. 하늘과 인생이 갑자기 멀리 떨어져 놓여 버렸다. 이 어두컴컴하고 널따란 홀은 기괴한 지하 왕국의 일부인 것 같았다. 그는 속으로 생각했다. '발밑에 이렇게 나름의 생명력을 지닌 거대한 세계가 살아 숨 쉬고 있었다니, 이게 어떻게 가능한 일인가? 생전 들어보지 못한 생물체가 땅 아래 어두운 자궁 속 내면의 불로 강해져 강력한 정신력을 지닌 거인의 모습으로 땅의 요새 속에서 활동하고 있었다면 언젠가 이 끔찍한 낯선 존재들이 파고드는 추위를 못 이겨 우리에게 나타나진 않을까? 아니면 하늘의 손님들, 즉 살아 있고 말을 하는 별들의 힘이 우리의 머리 위에 나타나지는 않을까? 이 뼈들은 하늘의 손님들이 지표면으로 향했던 방랑의 흔적인가, 아

니면 그들이 땅속으로 도피했던 표시인가?'

갑자기 노인이 사람들을 불러 모으더니 그들에게 바닥에 있는, 생긴지 얼마 되지 않은 사람의 흔적을 보여 주었다. 흔적이 그리 많지 않았기 때문에, 노인은 도적 떼와 맞부딪치지는 않을까 하는 걱정 없이 그 흔적을 따라가 볼 수 있겠다고 생각했다. 이것을 막 실행에 옮기려는데, 갑자기 어디선가, 말하자면 그들의 발밑 같은 곳, 멀리 떨어져 있는 깊은 어디선가에서 분명히 알아들을 수 있는 노래가 시작되었다. 그들은 적잖이 놀랐지만 그 노래에 바짝 귀를 기울였다.

> 깊은 밤에도 미소 지으며
> 나는 아직도 계곡에 머무르지.
> 사랑 가득 찬 술잔[26]이
> 날마다 제공된다네.

> 성스러운 술 방울이
> 내 영혼을 높이 들어 올려 주지.
> 그러면 나 이번 생애에
> 도취되어 천국의 문 가까이에 가 있지.

> 지극한 관조 속에서 차분해지면
> 어떤 고통으로도 내 마음이 불안에 떨지 않도록 해 주지.
> 오! 모든 여인의 여왕이여[27]
> 내게 그대의 신실한 마음을 주오.

불안에 절어 울며 지낸 시절은
이 보잘것없는 진흙[28]마저도 변용시켰지.
그 안에 영원을 약속하는
형상이 새겨져 있다네.

저 숱한 나날이 이젠
마치 그저 짧은 순간 같아.
언젠가 나 여기서 나가게 되면
감사하며 되돌아보려 한다네.

　다들 매우 놀라기는 했으나 기분이 좋아졌다. 그 노래를 부
른 주인공의 얼굴을 볼 수 있기를 간절히 원했다. 몇 차례 살펴
본 끝에 그들은 오른쪽 벽 모서리에서 아래로 나 있는 통로를 하
나 발견했다. 그쪽으로 발자국이 나 있는 것 같았다. 곧 불빛이
보이기 시작했고, 가까이 갈수록 불빛이 점점 더 환하게 밝아졌
다. 앞에서 본 것들보다 훨씬 더 큰 규모의 새로운 둥근 천장이
나타났다. 안쪽에서 그들은 등불 옆에 한 인간의 형상이 앉아 있
는 것을 보았다. 그 형상은 석판 위에 커다란 책을 펼쳐 놓고 그
것을 읽고 있는 것 같았다.

　그 형상은 그들 쪽으로 돌아서서 일어서더니 그들을 향해
다가왔다. 남자였다. 나이를 추정할 수가 없었다. 그는 젊어 보
이지도 늙어 보이지도 않았다. 이마에 가르마를 탄 평범한 은빛
머리카락 말고는 그에게서 아무런 시간의 흔적을 찾아볼 수 없

었다. 그의 눈에는 마치 밝은 산꼭대기에서 무한한 봄을 내려다
보듯 이루 말할 수 없는 기쁨이 배어 있었다. 그는 신발창을 발
바닥에 끈으로 묶어 신발로 삼고 있었고 옷이라고는 둘둘 말아
입은 헐렁한 망토 외에는 없는 것 같았다. 그런 입성 때문에 고
귀하고 큰 풍채가 더욱 도드라져 보였다. 느닷없는 방문에도 불
구하고 그는 조금도 놀라지 않은 것처럼 보였다. 그는 그들을 지
인처럼 대했는데 마치 기다리고 있던 손님을 집에서 맞이하는
것 같았다.

"나를 이렇게 찾아 주어서 정말 고맙습니다."

하고 그가 말했다.

"당신들은 내가 이곳에 와서 살게 된 이후로 처음 만나는 친
구들입니다. 이제 사람들이 우리의 크고 놀라운 집을 좀 더 자
세히 살펴보기 시작한 것 같군요."

그러자 늙은 광부가 대답했다.

"여기서 이처럼 친절한 주인을 만날 줄은 전혀 상상도 못했
습니다. 야수와 정령에 대해서만 이야기했거든요. 이제 보니 우
리가 아주 기분 좋게 속아 넘어간 게 되었습니다. 우리가 당신의
기도와 깊은 명상을 방해한 것 같은데, 모든 게 저희들의 호기심
탓이니 용서해 주시기 바랍니다."

"명상이 인상 좋은 사람들의 얼굴보다 더 즐거울 수 있겠습
니까?"

낯선 남자가 말했다.

"이렇게 적막한 곳에서 만났다고 해서 저를 인간 혐오자로 생각하지는 말아 주십시오. 저는 세상에서 도망친 것이 아니라 방해를 받지 않고 명상할 수 있는 쉼터를 찾았을 뿐입니다."

"당신의 결심을 후회해 본 적은 없으십니까? 때때로 마음이 불안해지고 사람의 목소리를 갈망하는 순간이 찾아오진 않았나요?"

"이제는 그렇지 않습니다. 젊은 시절에는 뜨거운 열광이 저를 은둔자가 되게끔 자극했었지요. 희미한 예감이 제 젊은 시절의 상상력을 자극했고, 저는 내면의 충만한 자양분을 고독 속에서 찾기를 바랐습니다. 제 내면 생활의 샘물은 절대 고갈될 것 같지 않았습니다. 그러나 저는 사람은 경험을 충분하게 해야 하고, 젊은 사람은 혼자 살 수 없으며, 그렇기 때문에 인간은 자신이 속한 세대와 다양하게 교류해야만 비로소 확실하게 자립할 수 있다는 것을 깨달았습니다."

"제 생각으로는 각자 삶의 유형에 따라 어떤 자연스러운 소명이 있으려니 믿고 있습니다."

늙은 광부가 말했다.

"어쩌면 나이가 들어가면서 여러 가지 경험을 겪다 보면 스스로 인간 사회에서 멀어지게 되는 것 같기도 합니다. 사회는 이윤을 위해서든 아니면 보존을 위해서든 활동에만 열중하지요. 위대한 희망이나 공동의 목표 같은 것이 사회를 힘껏 움직이게 합니다. 아이들과 노인들은 그것에 속해 있지 않은 것 같습니다.

아이들은 서투름과 무지 때문에 배척당하는 반면에 노인들은 위대한 희망을 성취하고 공동의 목표에 이르는 것을 이미 보았으니, 더 이상 사회의 영역 안으로 휩쓸려 들어가지 않고 자기 자신의 내면으로 돌아가 더 높은 차원의 공동체를 품위 있게 준비하는 일에 전념합니다. 그렇지만 당신이 인간들로부터 완전히 떨어져 나와 모든 사회적 안락을 포기한 데는 특별한 이유가 있는 것 같습니다. 제가 볼 때 당신은 마음의 긴장이 종종 풀어졌을 테고, 그때마다 기분이 좋지 않았을 텐데요."

"사실 그런 경험을 했습니다. 그렇지만 다행히도 규칙적으로 생활함으로써 그러지 않을 수 있었습니다. 동시에 저는 운동을 통해 건강을 유지하려고 애썼지요. 그때부터 아무런 문제가 없었습니다. 저는 날마다 몇 시간씩 산책을 하면서 햇빛과 신선한 공기를 즐깁니다. 산책을 하지 않을 때는 이 공간에 머물면서 정해진 시간에 바구니를 짜거나 조각하는 일에 몰두합니다. 저는 여기서 멀리 떨어진 마을에 가서 제가 만든 물건들을 생필품으로 바꿔 오고, 책들도 구입해 오는데, 그렇게 하다 보니 시간이 순식간에 지나가더군요. 그 마을에 제가 이곳에 있는 것을 아는 지인이 생기기도 했습니다. 그들은 제가 사는 곳을 알고 있고 그들로부터 세상에 무슨 일이 벌어지는지도 들어 알고 있습니다. 제가 죽으면 그 사람들이 저를 묻어 주고 책도 가져가기로 했지요."

그는 동굴 벽 가까이 있는 자신의 자리로 그들을 데리고 갔다. 바닥에는 수많은 책이 놓여 있었다. 치터도 하나 있었다. 벽에는 값나가 보이는 온전한 갑옷 한 벌이 걸려 있었다. 다섯 개의 커다란 석판으로, 상자처럼 조립되어 있는 책상도 있었다. 맨 위의 석판에는 백합과 장미 화환을 들고 있는 실물 크기의 남녀 모습이 새겨져 있었다. 그 측면에는 이런 글씨가 적혀 있었다.

"프리드리히와 마리 폰 호엔촐레른. 이곳에서 하늘로 돌아가다."

은둔자는 손님들에게 고향이 어디며, 어떻게 그곳으로 오게 되었는지 물었다. 그는 다정하고 솔직했으며, 세상일에 정통한 듯 보였다. 늙은 광부가 말했다.

"제가 보기에 당신은 전사였던 것 같군요. 저 갑옷이 그것을 보여 주는 듯합니다만."

"전쟁의 위험과 변동, 전사들을 따라다니는 시의 정신은 젊은 날의 고독에 빠져 있던 저를 끄집어 내서 제 인생의 마지막 운명을 결정지었습니다. 어쩌면 오랜 혼란과 제가 겪은 사건들이 제게 진정한 고독의 의미를 열어 주었는지도 모릅니다. 수많은 기억만이 즐거움을 주는 동반자일 뿐이지요. 그 기억들을 바라보는 관점이 바뀔수록 더 그렇게 되는 것 같습니다. 우리는 그 관점으로 기억들을 조망하고, 비로소 그것들의 진정한 관계, 즉 그 기억들의 결과의 깊은 의미와 그것들의 현상의 의미를 발견할 테니까요.

역사에 대한 인간 본연의 감각은 나중에야, 현재의 강력한 인상에 의해서라기보다는 회상하는 가운데 생기는 조용한 감화로 인해 발달합니다. 시기적으로 가장 가까운 사건들은 느슨하게 연결되어 있는 것처럼 보입니다. 그러나 이 사건들은 훨씬 나중에 일어날 사건들과 놀라울 만큼 동조하고 있습니다. 그렇기 때문에 우리가 일련의 사건들을 개관할 때, 또 모든 것을 문자 그대로 받아들이지 않을 때, 나아가서 경솔한 망상으로 그 본연의 질서를 흩뜨려 놓지 않을 때, 우리는 비로소 과거와 미래 사이의 내밀함을 깨닫고, 역사가 희망과 회상으로 구성되어 있다는 것을 배우게 됩니다.

지난 과거를 떠올리는 사람만이 역사의 단일한 규칙을 발견할 수 있습니다. 우리는 보통 불완전하고 번거로운 공식에나 다다를 뿐입니다. 오직 자신의 짧은 인생을 설명하기에 충분한 처방을 스스로를 위해 발견할 수 있을 때만, 우리는 기쁨을 느낄 수 있습니다. 감히 말씀드립니다만, 인생의 운명에 대해 세심하게 고찰하는 것이야말로 우리에게 깊고 한없는 즐거움을 주며, 이런 성찰만이 스스로 지상의 불행을 극복하게 해 줍니다. 젊은 이들은 역사를 오로지 호기심에서 읽습니다. 마치 재미있는 동화처럼 말입니다. 좀더 나이가 든 사람에게는 역사란 훌륭하고 마음을 위로해 주는, 또 북돋워 주는 천상의 여자친구입니다. 역사는 현명한 대화를 통해서 인간을 현재보다 높고 포용력 있는 인생을 준비할 수 있도록 해 주고, 또한 생생한 이미지를 통해 미지의 세계를 알려 줍니다.

교회는 역사의 저택이고, 조용한 정원은 역사의 상징적인 화원입니다. 신을 두려워할 줄 아는, 나이든 사람들만이 역사를 써야 합니다. 이제 자신의 역사는 끝이 나고, 오로지 정원으로 이식移植하는 것 외에는 달리 희망할 게 없는 사람들 말이지요. 그들의 서술은 어둡지도 우울하지도 않을 겁니다. 반구 천장에서 나오는 빛이 모든 것을 가장 올바르고 아름다운 조명 속에서 보여 줄 것이고, 성령이 특이하게 요동치는 물 위에 떠서 움직일 것입니다.”

"당신의 말씀은 참으로 진실되고 분명합니다.”

늙은 광부가 덧붙였다.

"우리는 우리 시대에서 알아 둘 만한 가치가 있는 것들을 충실히 기록하여 후손들에게 경건한 유산으로 남기는 일에 더욱 노력을 기울여야만 합니다. 별로 중요하지 않은 것에는 주의와 관심을 기울이면서, 정작 가장 가까이 있고 중요한 것들, 또 운명에서 은밀하게 예정된 대로 진행되는 섭리로 여기는 것들, 예컨대 자신뿐만 아니라 친척과 세대의 운명에는 별로 신경을 쓰지 않고, 운명의 모든 흔적을 경솔하게도 기억 속에서 지워지게 내버려 두고 있습니다. 지금보다 현명한 미래 세대는 과거의 사건들을 다루는 모든 정보를 성유물聖遺物처럼 찾을 겁니다. 그리고 평범한 한 개인의 삶에 대해서도 무관심하지 않을 것입니다. 왜냐하면 그 속에는 동시대인들의 위대한 삶이 많든 적든 반영되기 마련일 테니까 말입니다.”

"그런데 바람직하지 않은 일이 생길 수도 있습니다."

호엔촐레른 백작이 말했다.

"당대에 일어난 행위와 사건의 기록을 맡은 소수의 사람들조차 자신들이 하는 일에 대해서 많은 생각을 하지 않는다는 겁니다. 그들은 업무에 대해 숙고하고 고찰한 것에 완벽함과 질서를 부여하려 하지 않고, 단지 자료를 모으고 수집하는 일을 되는 대로 처리하려 하지요. 알다시피 자신이 잘 알고 있는 것, 즉 부분적인 것뿐만 아니라 그것의 기원과 결과 그리고 목적과 기능이 생생하게 살아 있는 것만을 그 자체로 명확하고 완전하게 서술할 수 있습니다. 그렇게 하지 않으면 그 서술은 질서정연하지 못함은 물론이고 불충분한 언급들의 엉크러진 혼합물이 되고 맙니다. 어린아이에게 기계에 대해 묘사해 보라고 하고, 농부에게 배를 묘사해 보라고 해 봅시다. 분명 그들의 서술을 통해 유용하거나 교훈적인 무엇인가를 이끌어 낼 수 없을 겁니다. 대부분의 역사 서술가도 마찬가지입니다. 이들은 이야기를 서술하는 솜씨가 뛰어나고 또 지겨울 정도로 이야기를 장황하게 늘어놓기는 하지만 우리가 꼭 알아야 할 것, 즉 역사를 역사답게 만들어 주고, 수많은 우연을 유쾌하고 교훈적인 전체에 연결시키는 것을 망각합니다.

이런 것에 대해 진지하게 생각해 보면, 역사 서술가는 또한 반드시 시인이어야 한다는 생각이 듭니다. 왜냐하면 시인들만이 여러 가지 사건을 능수능란하게 엮어 내는 재주를 갖고 있기 때문이지요. 나는 그들이 쓴 소설이나 우화에서 삶의 신비한 정신을 포착하는 그들의 섬세한 감정을 느낍니다. 편안하고 기꺼이 말입니다. 그들이 쓴 동화에는 학문적인 연대기보다 더 많은 진리가 담겨 있습니다. 비록 등장인물들의 운명이 허구적으로 고안된 것이기는 하지만 그것들을 고안해 낸 감각은 참되고 자연스럽습니다. 즐거움을 위해서나 교훈을 위해서나 인물들(그들의 운명에서 우리는 우리 자신의 운명을 느끼지요)이 실제로 존재했었는지 아닌지는 별로 상관없지요. 우리는 한 시대의 현상들에서 위대하고 소박한 영혼을 보기를 원하는 것이니까요. 이 소원이 이루어지면 우리는 그 시대에 우연에 의해 나타난 외적인 인물들에게는 신경 쓸 필요가 없습니다."

"바로 그 이유 때문에 저도 옛날부터 시인들을 좋아합니다."

늙은 광부가 말했다.

"인생과 세계는 시인들을 통해 제게 훨씬 더 분명하고 생생해졌습니다. 제가 보기에 그들은 빛의 명민한 정령들과 친구인 것 같습니다. 빛의 정령들은 모든 자연물 속으로 스며들어 분리되어서는 그 위에 제각각 고유하고, 부드러운 색조의 베일을 퍼뜨려 놓습니다. 그들의 노래를 듣고 있노라면 내 자신의 본질이 가볍게 펼쳐지는 것을 느낍니다. 그러면 나의 본질은 더욱 자유롭게 움직일 수 있게 되어, 그 열망과 즐거움을 반기고 평안한 기분으로 자신의 사지를 흔들어 움직여 온갖 즐거운 효과를 불러옵니다."

"혹시 운 좋게도 당신의 고향에 시인들이 있었나요?"

은둔자가 물었다.

"가끔 우리를 찾아오는 시인이 몇 명 있었습니다. 그러나 그들은 여행에서 즐거움을 찾는 것 같았습니다. 대개 오래 머물지 않았거든요. 그후 저는 일리리아와 작센, 스웨덴 지역[29]으로 방랑을 하면서 드물지 않게 시인을 몇 사람 만났습니다. 지금도 그들을 생각하면 즐겁습니다."

"당신은 세상 곳곳을 돌아다니셨군요. 그렇다면 기억할 만한 것을 많이 경험하셨겠습니다."

"우리의 기술은 널리 땅을 둘러보게 합니다. 마치 지하의 불이 광부로 하여금 계속해서 떠돌아다니게끔 몰아가는 것 같지요. 산은 다시 그를 다른 산으로 보냅니다. 그는 탐사를 끝낼 수 없습니다. 평생 동안 땅에 특이하게 구조를 세우고 장식해 놓은 저 놀라운 건축술을 연구해야 합니다. 우리의 기술은 아주 오래되고 널리 퍼져 있습니다. 우리의 종족이 그랬듯이 태양과 함께 동쪽에서 서쪽으로, 중앙에서 끝으로 떠돌았을 겁니다. 우리의 기술은 도처에서 여러 가지 어려움과 싸우기도 했습니다. 필요는 인간 정신이 발명을 해 내도록 자극합니다. 광부는 도처에서 자신의 통찰력과 숙련도를 높이고 유용한 경험들로 자기 고장을 잘살게 만들지요."

"당신들은 거꾸로 된 점성술사라고 할 수 있겠군요."

은둔자가 말했다.

"점성술사들이 움직이지 않고 하늘을 고찰하며 그 측량할 수 없는 공간을 헤매고 다닌다면, 당신들은 시선을 땅속으로 돌리고 땅의 구조를 연구하니까요. 점성술사들이 별들의 힘과 영향을 연구하는 반면, 당신들은 바위와 산의 힘과, 땅과 바위, 지층의 다양한 영향에 대해 연구하지요. 점성술사들에게 하늘은 미래의 책이고. 당신들에게는 땅이 태고의 기념물들을 보여 주겠군요."

"그와 같은 관계가 의미가 없지는 않습니다."

늙은 광부가 미소를 지으며 말했다.

"뛰어난 예지자들은 놀라운 지층 구조가 갖는 오랜 역사에서 나름의 역할을 하겠지요. 어쩌면 때가 되면 우리는 그들의 업적으로부터 그들을, 또 그들로부터 그들의 업적을 제대로 알고 설명할 수 있을 겁니다. 어쩌면 큰 산맥들은 자신들이 예전에 다니던 길의 흔적을 보여 주고, 자신들의 힘으로 살아가면서 하늘에 있는 자신들만의 길을 가고자 하는 소망을 가지고 있었겠지요. 일부는 별이 되기에 충분히 솟아 있습니다. 그 대신 지대가 낮은 지역의 산들이 입고 있는 아름다운 푸른 의상을 포기할 수밖에 없습니다. 그들이 그 대가로 얻는 것은 아버지들이 날씨를 만들어 내는 일을 거들거나, 낮은 지역에 있는 고장들을 위하여 예언자가 되어, 때로는 그것을 보호해 주고 때로는 홍수로 넘치게 하는 것 외에 아무것도 얻을 게 없습니다."

"내가 이 동굴에서 살게 된 이래로 태고에 대해 더 많은 것을 생각하게 되었습니다."

은둔자가 말했다.

"명상에 잠겨 있으면 이루 말할 수 없이 많은 것이 떠오릅니
다. 광부가 자신의 직업에 대해 품고 있는 사랑이 어떤 것인지도
잘 떠올릴 수 있습니다. 이 동굴 안에 있는 오래되고 엄청나게 많
은 특이한 뼈들을 바라볼 때마다, 그리고 아마도 낯설고 거대한
짐승들이 공포와 불안에 쫓겨 동굴 안으로 떼를 지어 몰려들어
와 죽음을 맞이한 그 거친 시절을 생각할 때마다, 또 이 동굴들
이 하나로 붙어 있고 무시무시한 홍수가 온 땅을 뒤덮었던 시절
까지 다시 거슬러 올라가 볼 때마다, 나 자신이 미래의 꿈처럼,
또 영원한 평화의 아이처럼 느껴집니다. 오늘날의 자연은 폭력
적이고 거칠었던 지난날에 비해 얼마나 조용하고 평화로우며,
또 얼마나 부드럽고 맑은지요. 끔찍한 폭풍우나 무서운 지진이
라고 해 봤자, 그것은 지난날의 소름 끼치는 산통産痛의 희미한
메아리에 지나지 않습니다. 어쩌면 당시에는 식물과 동물의 왕
국도, 그리고 그 시절의 인간들도(그 넓은 바다 위 몇 개의 섬에
단 몇 명이라도 살았다면) 지금과는 다른, 훨씬 단단하고 거친
건축 양식을 가졌을 것입니다. 그러므로 우리는 적어도 거인족
에 대한 오래된 전설을 단순한 허구에 불과하다고 비난해서는
안 될 것입니다.

자연이 점점 진정되고 있는 것을 보고 있으면 즐거워집니
다. 점점 더 친밀해지는 조화와 더욱 평화로운 공동체, 상호 간

의 지지와 고무鼓舞는 천천히 형성되는 것 같습니다. 우리는 앞으로 훨씬 더 좋아지는 세계를 기대할 수 있습니다. 물론 때때로 오래 묵은 효모가 발효하여 엄청난 격변을 초래하는 일도 생길 수 있겠지요. 그러나 우리는 자유롭고 조화로운 상태를 향한 자연의 불굴의 노력을 지켜봅니다. 이런 정신 속에서 모든 격변은 지나가고 그것은 오히려 위대한 목표에 좀더 가까이 이르도록 해 주겠지요. 물론 오늘날의 자연이 전처럼 비옥하지 않을 수도 있습니다. 또한 오늘날엔 금속이나 보석, 바위나 산 같은 것들이 더 이상 생성되지 않을 수도 있습니다. 그리고 식물과 동물이 옛날처럼 놀랄 만한 크기와 힘을 가진 모습으로 자라지 않을 수도 있습니다. 자연의 생식력이 줄어들수록 다듬고, 고상하게 만들고, 다른 것들과 어울리는 자연의 힘은 늘어났어요. 그만큼 더 그 마음은 부드러워지고 모든 것을 잘 받아들이게 되었지요. 그만큼 더 자연의 상상력은 다양하고 생생해졌으며, 자연의 손은 더 노련해지고 기교적이 되었습니다. 자연은 인간에게 다가오고 있어요. 예전의 자연이 거칠게 출산하는 바위였다면, 지금의 자연은 조용하고 원동력이 되는 식물이자 묵묵하고 인간적인 예술가입니다.

보물을 늘리는 게 무슨 필요가 있겠습니까. 이미 여분만 가지고도 까마득한 장래까지 쓰고 남을 텐데 말입니다. 제가 지금까지 돌아다닌 지역은 정말 얼마 되지 않지만 그 대단한 저장품, 즉 이제 후세들이 이용하도록 양도된 채로 남아 있는 보물을 제가 과연 한 눈에 알아보지 못했을까요. 북쪽의 산맥들이 얼마나 많은 자원을 숨겨 두고 있을 것이며, 그 훌륭한 징후를 조국 곳곳에서, 헝가리에서, 카르파티스 산맥 밑동에서, 그리고 티롤과 오스트리아와 바이에른의 암석 계곡에서 제가 찾아내지 못했을까요. 그저 집어들거나 캐내기만 하면 되는 것을 직접 들고 갈 수만 있었다면, 나는 지금쯤 부자가 되었을 것입니다. 어떤 곳에서는 마법의 정원[30]에 있는 것 같았습니다. 그곳에서 본 것들은 아주 귀한 금속으로 솜씨 좋게 만들어진 것이었습니다. 우아한 머리칼과 은으로 된 나뭇가지에는 빛나는, 루비처럼 붉게 반짝이는 투명한 열매들이 매달려 있었고, 흉내낼 수 없을 만큼 잘 다듬어진, 수정 바닥에는 묵직한 작은 나무들이 서 있었습니다. 그처럼 놀라운 곳에서는 누구나 자기 감각을 거의 믿을 수가 없을 겁니다. 이 매력적인 황야를 헤매고 다니며 보석들을 즐기는 일은 전혀 싫증이 나지 않았지요. 이번 여행에서도 저는 기묘한 것을 많이 보았습니다. 다른 나라에서도 역시 땅은 마찬가지로 기름지고 풍요로웠지요.”

“동양이 원산지인 보물들을 생각해 봐도……”

그 미지의 남자가 말했다.

“그 점에 대해서는 의심의 여지가 없습니다. 멀리 인도와 아프리카, 스페인 등은 이미 고대에 땅의 보물들로 세상에 널리 알려졌지 않습니까? 사실, 전사였던 저는 광맥이나 산의 갈라진 틈에 그렇게 세심한 주의를 기울이지 않습니다. 신기한 꽃봉오리처럼 전혀 예기치 않은 꽃과 열매를 암시해 주는 그 반짝이는 광맥들에 대해 가끔 생각해 보곤 했지만 일광을 즐기면서 이 어두운 숙소를 지나치던 그때, 산의 품속에서 제 인생을 마감할 것이라고 생각이나 했겠습니까. 저와 제 연인은 자랑스럽게 땅 위로만 다녔지요. 훗날 저는 그녀의 품속에서 영원히 잠들고 싶었습니다. 전쟁이 끝나고 벅찬 기대에 가득 차서 집으로 돌아갔답니다. 전쟁의 정신이 바로 제 행복의 정신인 것 같습니다. 아내 마리는 그때 이미 동방에서 저의 두 아이를 낳았습니다. 아이들은 우리 인생의 기쁨이었지요. 그러나 항해와 거친 서양의 기후가 꽃 같은 아이들을 망쳐 놓았고 유럽에 도착하고 며칠 뒤에 그들을 묻었습니다. 저는 슬픔에 잠긴 채, 고통스러워하는 아내를 고향으로 데리고 갔습니다. 내밀한 슬픔이 그녀의 생명의 실을 다 닳게 만들었나 봅니다. 얼마 뒤 피할 수 없는 여행길에 나서게 되어, 아내도 여느 때처럼 나를 따라나섰는데, 바로 그 여행길에서 그녀는 내 품에서 고요하게, 그러나 갑자기 숨을 거두었습니다. 우리의 순례가 끝난 곳이 이 근처입니다. 나는 순간적으로 결심을 굳혔습니다. 전혀 기대하지 않았던 일이 일어났습니다. 신의 계시가 저를 덮쳤지요. 그녀를 이곳에 손수 묻은 날, 천상의 손이 제 가슴에서 모든 슬픔을 거두어 갔습니다. 나중에 사람을 시켜 묘비를 세웠습니다. 어느 한 가지 사건이 비로소 시작되는가 했는데, 바로 그때 끝나버리는 경우가 종종 있지요. 제 생애에 바로 그런 일이 일어난 겁니다. 신께서 여러분 모두에게 성스러운 노년과 제게 주신 것과 같은 안정된 마음을 주시길 빕니다."

하인리히와 상인들은 두 사람의 대화를 주의 깊게 듣고 있었다. 특히 하인리히는 예감으로 가득 찬 내면의 새로운 전개를 느꼈다. 수많은 말과 생각이 생명을 주는 꽃가루처럼 그의 품으로 떨어져, 젊음의 좁은 굴레에 갇혀 있던 그를 세상의 높은 곳으로 재빨리 옮겨다 놓았다. 흘러간 몇 시간이 그에겐 긴 세월처럼 놓여 있었다. 그는 자신이 느끼고 생각한 것에 확신이 있었다.

은둔자는 자신의 책들을 보여 주었다. 역사책과 시였다. 하인리히는 아름다운 그림이 그려져 있는 커다란 책들을 훑어 보았다. 그것은 시구의 짧은 시행과 표제標題, 두서넛 대목들 그리고 깔끔한 그림들이었다. 그 그림들은 독자의 상상력을 돕기 위해 마치 구체적으로 표현된 단어들처럼 여기저기서 나타나 호기심을 한껏 자극했다. 이런 속마음을 알아챈 은둔자는 그에게 신비스러운 표상表象에 대해서 설명해 주었다. 그림들 속엔 아주 다양한 생활의 장면들이 묘사되어 있었다. 전투와 장례식, 결혼축제, 난파선, 동굴과 궁전들이었다. 또 왕과 영웅들, 성직자, 늙은이와 젊은이, 낯선 복장을 한 사람들, 특이한 짐승들이 다양하게 변화되고 결합되어 나타났다. 하인리히는 그 그림들이 아무리 오래 봐도 물리지 않았다. 자신의 마음을 사로잡은 그 은둔자 옆에서 그 책들에 대한 이야기를 듣는 것 외에 아무것도 바랄 게 없을 정도였다.

그러는 사이 늙은 광부가 동굴이 더 있는지 물었다. 그러자 은둔자는 근처에 아주 큰 동굴이 몇 개 있다며 그리로 그를 안내하겠다고 했다. 광부는 그를 따라갈 준비가 되어 있었다. 하인리히는 책에 흠뻑 빠져 있었고 이를 본 은둔자는 하인리히에게 이곳에 남아 책을 더 찾아보라고 권했다. 하인리히는 허락해 준 것에 대해 은둔자에게 진심으로 감사하며 기쁜 마음으로 책들 옆에 남았다. 그는 한없이 기뻐하며 책들을 뒤적거렸다.

하인리히는 마침내 책 한 권을 집어 들었다. 외국어로 쓰인 책이었는데, 라틴어나 이탈리아어와 조금 비슷해 보였다. 그는 그 외국어를 애타게 알고 싶었다. 한 글자도 이해하지 못했지만 왠지 그 책이 너무나 마음에 들었기 때문이다. 책에는 제목이 없었다. 그는 뒤적거리다가 그림 몇 개를 발견했다. 그림들은 이상하게도 낯이 익었다. 그것들을 자세히 살펴보다 그는 인물들 중에서 자기 자신의 모습을 발견했다. 깜짝 놀라 꿈을 꾸고 있다고 여겼다. 그러나 반복해서 보아도 완전히 비슷한 모습에 그는 결코 의심할 수가 없었다. 어떤 그림에는 동굴과 은둔자, 늙은 광부가 함께 그려져 있는게 아닌가. 그는 자기의 감각을 믿을 수가 없었다. 점차로 다른 그림에서 동방의 여인과 자신의 양친, 튀링겐의 방백과 방백 부인 그리고 스승인 궁정 신부, 수많은 지인을 발견했다. 그런데 그들은 다른 시대에서 온 듯한 옷을 입고 있었다. 많은 사람이 이름을 기억할 수는 없었지만 아는 사람들인 것처럼 생각되었다. 그는 여기저기 다른 곳에서 자신의 모습을 보았다. 끝으로 갈수록 그는 더욱 크고 고상하게 보였다. 그의 팔에는 기타가 놓여 있고, 방백 부인이 그에게 화환을 건넸다. 그는 황제의 궁전에도 있었고 항해도 하고 날씬하고 사랑스러운 여인과 단란한 포옹을 하고 있기도 했다. 또 야만인들과 전투를 하기도 하고 사라센, 무어인들과 친근한 대화를 나누기도 했다. 진지한 모습을 한 남자[31]가 자주 등장했는데 그는 이 키가 큰 인물에 깊은 경외감을 느꼈고 자신과 팔장을 끼고 있는 모습이 보기에 참 좋았다. 마지막 그림은 어두워서 이해가 되질 않았다. 그러나 그 그림에서 꿈에서 본 몇몇 인물을 알아보고는 황홀할 정도로 놀랐다. 책의 끝부분은 빠져 있는 듯했다. 하인리히는 매우 슬펐다. 다만 이 책을 읽어서 완전히 자기 것으로 만들 수 있으면 얼마나 좋을까 하는 것 외에 달리 바랄 게 없었다. 그는 그림들을 되풀이해서 살펴보다가 일행이 돌아오는 소리를 듣고 깜짝 놀랐다. 당혹함이 그를 사로잡았다. 그는 자신이 알아낸 사실이 무척 당혹스러운 나머지 얼른 책을 덮었다. 그는 그저 은둔자에게 그 책의 제목과 거기에 쓰인 언어가 무엇인지 물어보기만 했다. 그는 그것이 프로방스어[32]로 쓰였다는 것을 알게되었다.

"이 책을 읽은 지 벌써 한참 되었네요."

은둔자가 말했다.

"지금은 그 내용을 잘 떠올릴 수가 없습니다. 제가 아는 한 이 책은 어느 시인의 놀라운 운명을 다룬 소설입니다. 그 안에는 시문학이 여러 가지 관계 속에서 묘사되고 칭송됩니다. 이 소설은 제가 예루살렘에서 가져온 것인데, 결말부가 빠져 있습니다.

죽은 친구의 유품 중에 섞여 있는 것을 발견하고 그 친구를 기념하려고 들고 온 것이지요."

이제 그들은 작별 인사를 했다. 하인리히는 눈물이 날 정도로 감동을 받았다. 동굴은 인상적이었고, 은둔자도 매우 마음에 들었다.

그들 모두가 은둔자를 따뜻하게 안아 주었다. 은둔자도 그들을 좋아하게 된 것 같았다. 하인리히는 은둔자가 예민한 눈길로 자신을 응시하는 것을 알아차렸다. 하인리히가 알아낸 내용을 눈치채고 그것을 넌지시 암시하는 것 같았다. 그는 동굴 입구까지 그들을 바래다 주었다. 그 전에 그는 특히 농부의 아들에게 농부들을 보거든 자기에 대해서 아무 말도 하지 말아 달라고 부탁했다. 그들이 자신에게 성가시게 굴지도 모르기 때문이었다.

그들은 모두 그렇게 하겠다고 약속하고는 작별하면서 그에게 기도를 부탁했다. 그가 기도해 주었다.

"얼마나 오랜 시간이 지나야 우리 다시 만나 오늘의 대화에 대해 미소를 지을 수 있을까요. 천국의 날이 우리를 감싸는 그날, 우리가 이 시험의 골짜기에서 친구가 되어 다정하게 인사를 나누고, 똑같은 마음, 똑같은 예감으로 생기를 받은 것을 즐거워하게 되기를 간절히 바랍니다. 우리를 이곳으로 안전하게 데려다 준 이는 천사들입니다. 여러분이 시선을 확실하게 하늘에 두어 고향으로 돌아가는 길을 절대 잃어버리지 않기를 기도합니다."

그들은 경건한 마음으로 가득 차서 헤어졌다. 그러고는 겁에 질려 있는 일행을 다시 만나 온갖 이야기를 하며 마을에 도착했다. 걱정에 잠겨 있던 하인리히의 어머니가 매우 기쁘게 그들을 맞아 주었다.

6장

마틸데와 클링소르

무역이나 사업에 소질을 타고난 사람들은 아무리 일찍부터 모든 것을 직접 보고 열심히 노력해도 너무 이르다고 할 수 없다. 그들은 수많은 일을 직접 처리해야 하고 많은 관계를 거쳐야 한다. 새로운 상황에 처했을 때 받는 인상이나, 여러 가지 대상으로 인한 산만함에 대해 마음을 단련해야 한다. 게다가 큰 사건들의 압박 속에서도 완수해야 할 목표의 끈을 놓지 않는 것에 익숙해져야 하며 조용한 성찰의 유혹에 굴복해서도 안 된다. 그들의 영혼은 스스로에게 회귀하는 구경꾼이 되지 않아야 하고, 또 끊임없이 외부로 향해야 하며, 부지런히 일하고 빨리 결단을 내리는, 오성의 하녀가 되어야 한다. 영웅인 그들 주변에는 그들의 인도를 받아 해결되기를 바라는 사건들이 몰려든다. 모든 우연이 그들의 영향을 받아 역사가 되고, 그들의 인생은 우리의 눈길을 끌고, 화려하고 얽히고설킨, 특이한 사건들의 중단 없는 연속이다.

성격이 조용하고 세상에 별로 알려지지 않은 사람들의 경우는 이와 다르다. 그들의 세계는 정서[33]이고, 그들의 활동은 성찰이고, 그들의 인생은 내면의 힘의 점진적인 육성이다. 어떤 불안도 그들을 밖으로 내몰지 않는다. 그들은 적당한 소유에도 만족한다. 그들 밖에서 광대한 드라마가 펼쳐져도 거기에 직접 등장하고 싶어 하지 않고, 그 드라마가 의미 있고 놀랍다고 여겨져야 비로소 고찰해 보는 노고를 들인다. 그 드라마의 정신을 알고 싶어하는 욕구가 그들을 멀리 떨어져 있도록 한다. 그리고 인간들의 세계에서 그들로 하여금 정서의 신비로운 역할을 하도록 규정한 것은 바로 이러한 정신인 반면, 앞서 언급한 영웅들은 이 외형적인 세계의 사지四肢와 감각, 외향적인 활동을 대변한다.

크고 복잡한 사건들은 그들에게 방해가 될 것이다. 단순한 삶이 그들의 운명이며, 그들은 이야기와 서적들을 통해서만 세계의 풍부한 내용과 현상들을 알게끔 되어 있다. 그들이 살아가는 가운데 아주 드물게 어떤 우연이 그들을 잠시 동안 사건의 소용돌이 속으로 끌어들여 약간의 경험을 통해 그들에게 행동하는 인간들의 상황과 성격을 보다 자세히 알려주기도 한다. 그에 반해 그들의 감수성은 가까이에 있는 미미한 현상들에 의해 단련되는데, 그 현상들이야말로 그들에게 새롭게 큰 세계를 반영해 준다. 또 그들은 자신의 내면에서 이 현상들의 본질과 의미에 대해 뭔가 놀라운 발견을 하지 않고는 단 한 걸음도 옮기려 하지 않는다.

때때로 마을을 천천히 지나다니는 특이한 사람들이 있는데 그들이 바로 시인이다. 그들은 어디서나 우리 인류와 그 초창기 신들의 오래된 신성한 직무, 또 별과 봄, 사랑, 행운, 다산, 건강, 즐거움의 직무를 복구하는 사람들이다. 그들은 이미 이곳 지상에서 천상의 평온함을 소유하고 있으며, 허튼 욕망에 내몰리지 않고, 과일을 다 먹어치우지 않는데, 그렇게 함으로써 최종적으로 지하 세계에 얽히지 않고 지상에서 나는 과일의 향기만을 맡을 뿐이다. 그들은 자유로운 손님들이다. 그들의 황금빛 발은 조용히 발걸음을 내딛고, 현존만으로도 만물이 속에 품고 있는 날개를 자기도 모르게 펼친다. 시인은 마치 왕처럼 즐겁고 환한 얼굴로 그 주변에 있겠거니 두리번거리며 찾게 만든다. 시인만이 현자라는 이름을 당당하게 달 수 있다. 영웅과 비교해 보면, 시인들의 노래가 드물지 않게 젊은이들의 가슴속에 영웅적인 용기를 깨어나게 하지만, 영웅적인 행동이 젊은이의 가슴에 시의 정신을 불러일으키지 않는다는 것을 알 수 있다.

하인리히는 태생적으로 시인이 될 운명이었다. 다양한 우연이 시인으로서의 그의 성장을 위해 집중된 것처럼 보였다. 지금껏 그 무엇도 그의 내면의 활발함을 방해하지 않았다. 그가 보고 들은 모든 것은 실제로 마음속의 새로운 빗장을 풀어 주고, 또 그에게 새로운 창문을 열어 주는 것 같았다. 세계가 그의 앞에 다양하게 변화하는 모습으로 놓여 있었다. 그러나 세계는 아직 말이 없었고, 그의 영혼과 대화는 아직 깨어나지 않았다. 벌써 한 시인이 아름다운 한 소녀의 손을 잡고 다가오고 있었다. 모국어의 음향과 달콤하고 사랑스러운 입의 감촉을 통해 그의 수줍은 입술을 열고, 소박한 화음을 끝없는 멜로디로 펼치기 위해서였다.

이 여행은 이제 끝이 났다. 우리의 여행객들은 세계적으로 유명한 도시인 아우크스부르크에 무사히 기쁘게 도착했고, 기대에 가득 차서 슈바닝의 멋진 집으로 나 있는 고상한 길에 들어섰을 때는 저녁 무렵이었다.

하인리히에게는 이미 그 지역이 매력적으로 보였다. 도시의 생기 넘치는 혼잡과 웅장한 석조 건물이 낯설지만 기분 좋은 느낌을 주었다. 그는 앞으로 이곳에 체류한다 생각하니 진심으로 기뻤다. 그의 어머니는 길고 피곤했던 여행을 끝내고 사랑하는 고향을 드디어 보게 되어 매우 만족해 보였다. 곧 그녀의 아버지와 오랜 친지들을 만나 포옹하고, 하인리히를 그들에게 소개하고, 젊은 시절의 기분 좋았던 일들을 회상하면서 실로 일체의 집안일에 대한 걱정을 잊어버릴 수 있으리라 기대했다. 상인들 또한 그곳에서 참석하게 될 축하연에서 여행의 불편함에 대해 보충하고, 벌이가 될 만한 일을 찾기를 바랐다.

그들은 슈바닝의 집이 훤하게 밝혀져 있는 것을 보았고, 그 집에서 흘러나오는 흥겨운 음악이 그들을 맞이했다.

"우리 내기 할까?"

상인들이 말했다.

"자네 할아버지가 흥겨운 연회를 열고 계시는 게야. 우리는 초대받은 것처럼 오게 된 거지. 초대받지 않은 이 손님들 때문에 얼마나 놀라실지. 그분은 진정한 축제가 이제부터 비로소 시작된다는 걸 꿈도 꾸지 못하실 걸."

하인리히는 당황했고, 그의 어머니는 오로지 그녀의 복장이 걱정이었다. 그녀는 말에서 내리고, 상인들은 말을 탄 채 머물렀다. 하인리히와 어머니는 호화로운 집으로 들어섰다. 아래층에는 집안 사람이라고는 아무도 없었다. 두 사람은 폭이 넓은 나선형 계단을 올라가야 했다. 몇몇 하인들이 지나가기에, 슈바닝에게 낯선 사람들이 도착해서 그와 이야기를 나누고 싶어하니 알려달라고 부탁했다. 하인들은 처음에는 약간 애를 먹었다. 여행객들이 썩 좋은 손님들로 여겨지지 않은 것이다. 그러나 그들은 집 주인에게 그 사실을 알렸고 슈바닝이 밖으로 나왔다. 그는 그들을 바로 알아보지 못하고, 그들의 이름과 무슨 부탁할 사항이 있는지 물었다. 하인리히의 어머니는 울음을 터뜨리고, 그의 목에 매달렸다.

"아버지는 이제 딸도 잊으셨어요?"

그녀가 울면서 소리쳤다.

"제가 아들을 데리고 왔어요."

깜짝 놀란 아버지는 그녀를 오랫동안 가슴에 안았다. 하인리히가 한쪽 무릎을 꿇고 그의 손에 부드럽게 입을 맞췄다. 슈바닝은 하인리히를 일으켜 세운 후 딸과 함께 한참을 안고 있었다.

"어서 들어가자."

슈바닝이 말했다.

"집에 친구들과 친지들이 흥겨운 시간을 보내고 있단다. 너희가 온 것을 나와 함께 진심으로 기뻐할 사람들이지."

하인리히의 어머니는 물어보고 싶은 것이 많았다. 그러나 그녀는 정신을 가다듬을 시간이 없었다. 슈바닝은 두 사람을 불이 환하게 밝혀져 있는 큰 홀 안으로 데리고 갔다.

"여기 아이제나흐에서 온 내 딸과 손자를 데리고 왔네."

슈바닝은 화려한 옷을 입고 흥겹게 북적대는 사람들에게 소리쳤다. 모든 사람의 눈이 문쪽으로 향했다. 모두가 이들이 있는 쪽으로 서둘러 왔고, 음악도 멈췄다. 먼지에 찌든 두 여행자는 화려한 무리들의 한가운데 섞여 당황스러우면서도 매혹된 채 서 있었다. 기쁨에 찬 외침이 연이어 입에서 입으로 터져 나왔다. 나이든 친지들은 하인리히의 어머니에게 몰려들어 끝없는 질문을 던졌다. 모두들 먼저 자기를 알아봐 주기를 원하고, 또 인사를 건네받고 싶어했다. 나이 든 사람들이 어머니에게 몰두해 있는 동안 젊은이들의 관심은, 눈을 아래로 내린 채 낯선 사람들의 얼굴을 살펴보려고도 하지 못하는 낯선 젊은이에게 향했다. 슈바닝은 그를 모인 사람들에게 소개하고, 아버지는 잘 계시는지 그리고 여행 중 있었던 일들에 대해 물었다.

하인리히의 어머니는 밖에서 기대에 찬 채 말들 옆에서 머무르고 있을 상인들을 잊지 않고 있었다. 그녀가 그 사실을 아버지에게 알리자, 그는 바로 사람을 보내, 그들을 안으로 들어오게끔 했다. 말들은 마굿간으로 보내지고, 상인들이 들어왔다.

슈바닝은 자신의 딸을 이곳으로 기꺼이 안내해 준 것에 대해 진심으로 감사해 하며 그곳에 모인 참석자들에게 상인들을 소개했다. 그들은 상냥하게 인사를 나눴다. 어머니는 깨끗하게 옷을 갈아입고 싶어 했다. 슈바닝은 그녀를 방으로 데리고 갔고, 하인리히도 그들을 따라갔다.

모임 중에서 특히 한 남자가 하인리히의 주목을 끌었는데, 하인리히는 동굴 속에서 보았던 책에서 자신이 종종 그의 옆에 서 있었던 것을 기억해 냈다. 그의 고상한 모습은 모든 사람 중에서 단연 눈에 띄었다. 즐겁고 진지한 표정, 훤하고 아름답게 툭 튀어나온 이마, 꿰뚫어 보는 듯한 크고 검은 또렷한 눈, 즐거워하는 입가의 장난기, 이런 분명하고 남자다운 비율이 그를 의미심장하고 매력적으로 보이게 해 주었다. 체격은 건장하고, 움직임은 안정되었으며 표정이 풍부했다. 하인리히는 그가 지금 있는 그곳에 영원히 서 있고 싶어 하는 듯이 보였다. 할아버지에게 그 사람에 대해 물었다.

"기쁘구나. 네가 그 사람을 곧바로 알아보다니 말이다."

할아버지가 말했다.

"그분은 내 최고의 친구인 클링소르라고 하는 시인이란다.

네가 그분과 사귀어 알고 지내면 그것을 황제 이상으로 더 자랑스러워해도 좋을 게다. 그런데 네가 마음의 준비를 해 두어야 할 일이 있는데, 괜찮겠니? 그분에겐 아주 예쁜 딸이 하나 있단다. 아마도 그녀가 아버지를 제치고 네게서 사랑을 더 많이 받을 게다. 네가 아직 그녀를 보지 못했다니, 참 놀라운 일인데.”

하인리히는 얼굴이 빨개졌다.

“저는 지금 정신이 없어요, 할아버지. 사람들이 너무 많아서 저는 할아버지의 친구분만 쳐다보고 있었어요.”

“네가 북쪽에서 왔다는 것을 다들 눈치챘겠구나.”

할아버지가 대답했다.

“일단 이곳에서 긴장을 풀고 있으면, 네게 아름다운 눈을 보는 법을 가르쳐 주마.”

그들은 준비가 끝나 다시 홀로 되돌아갔다. 그러는 사이 저녁 식사 준비가 끝나 있었다. 슈바닝은 하인리히를 클링소르에게 데리고 가, 그에게 하인리히가 금방 그를 알아봤으며, 그와 알고 지내고 싶어 한다고 전해 주었다.

하인리히는 부끄러웠다. 클링소르는 하인리히의 조국과 여행에 대해 친절하게 말을 걸었다. 하인리히는 충분히 신뢰가 가는 클링소르의 목소리에 용기를 내어 솔직하게 담소를 나누었다. 얼마 후에 슈바닝이 마틸데를 데리고 다시 그들에게 왔다.

“수줍어하는 내 손자를 잘 보살펴다오. 그리고 이 아이가 너보다 네 아버지를 먼저 만난 걸 용서해 주렴. 네 반짝이는 눈이 이 아이의 내면에서 졸고 있는 젊음을 깨워 줄 게야. 그의 나라에서는 봄이 늦게 온단다."

하인리히와 마틸데는 얼굴이 빨개졌다. 그들은 놀라서 서로를 바라보았다. 마틸데는 그에게 작아서 들리지 않을 만큼 낮은 목소리로, 춤을 추겠냐고 물었다. 하인리히가 그러겠다고 대답했을 때 경쾌한 춤곡이 시작되었다. 그는 말없이 손을 내밀었다. 그녀 역시 그에게 손을 내밀고, 두 사람은 쌍을 이루어 추는 왈츠의 윤무 속으로 섞여들어 갔다. 슈바닝과 클링소르가 그들을 바라보고 있었다. 어머니와 상인들은 하인리히의 민첩함과 그의 사랑스러운 파트너를 보고 즐거워했다. 어머니는 젊은 시절의 여자 친구들과 충분히 이야기를 나누었다. 친구들은 모두 아주 훌륭하고 유망한 그녀의 아들에게 행운을 빌어 주었다. 클링소르가 슈바닝에게 말했다.

"손자가 매우 매력적으로 생겼군 그래. 얼굴 생김새만으로도 그의 마음이 벌써 맑고 포용력이 있다는 것을 보여 주고 있네. 목소리는 가슴 깊은 곳에서 울려 나오더군."

슈바닝이 대답했다.

"나는 그 애가 자네의 지혜로운 제자가 되길 바란다네. 내가 보기에 그는 타고난 시인이야. 자네의 정신을 그 애가 전승받을 수 있으면 좋겠네. 그는 그의 아버지와 비슷하네만, 조금 덜 격렬하고 고집도 덜 세지. 그의 아버지는 젊었을 때 훌륭한 재능이 흘러넘칠 정도였다네. 단지 독립심이 다소 부족했지. 사실 그는 부지런하고 준비된 예술가 이상으로 스스로에게서 더 끄집어낼 수도 있었는데 말일세."

하인리히는 춤이 끝나지 않기를 바랐다. 그의 눈길은 내적인 희열과 함께 파트너의 장밋빛 뺨에 머물렀다. 순진무구한 그녀의 눈은 그를 피하지 않았다. 그녀는 사랑스럽게 변장한 그녀 아버지의 정신 같았다. 크고 잔잔한 눈에서 영원한 젊음이 말을 걸어왔다. 갈색 눈동자의 온화한 빛은 연한 하늘색 바탕에 놓여 있었다. 이마와 코는 그 주변으로 우아하게 드리워졌다. 그녀의 얼굴은 떠오르는 태양을 향해 기울어진 백합 같았고, 날씬하고 하얀 목덜미에서는 푸른 정맥이 매력적으로 꿈틀대며 부드러운 뺨 주변으로 움직였다. 그녀의 목소리는 멀리서 오는 반향 같았고, 갈색 곱슬머리는 그녀의 가냘픈 형상 위에서 흩날렸다.

음식이 안으로 들어오고, 춤이 끝났다. 나이 든 사람들은 한쪽 편에, 젊은 사람들은 반대편에 앉았다.

하인리히는 마틸데의 옆자리에 앉았다. 한 젊은 여자 친척이 그의 왼쪽에, 클링소르가 바로 그의 맞은편에 앉았다. 마틸데는 거의 말이 없었고, 그의 옆에 앉은 베로니카가 수다를 떨었다. 그녀는 곧 그와 친한 척하더니, 곧이어 그를 모든 참석자들에게 소개했다. 하인리히는 많은 것을 흘려들었다. 그는 여전히 댄스 파트너인 마틸데와 함께 있고 싶었고, 그래서 더 자주 오른쪽으로 몸을 돌렸다. 클링소르가 말 많은 친척의 수다에 종지부를 찍었다. 하인리히의 연미복 위에 붙어 있는 특이한 형상을 한 리본에 대해서 물었다. 하인리히는 동정하는 마음으로 동방의 여인에 대해 이야기했다. 마틸데는 울기 시작했고, 하인리히도 눈물을 숨길 수 없을 지경이 되었다. 그는 그녀와 이 이야기로 깊은 대화에 빠져들었다. 모두들 이야기를 나누었다. 베로니카는 웃으며 그녀의 친지들과 농담을 했다. 마틸데는 그에게 그녀의 아버지와 종종 체류하던 헝가리에 대해, 또 아우크스부르크에서의 생활에 대해 이야기해 주었다. 모두들 즐거워했다. 음악이 모든 소심함을 내쫓아 버리고, 흥겨운 놀이에 대한 호감을 자극했다. 화려한 꽃바구니는 식탁 위에서 향기를 발산하고, 포도주는 음식과 꽃 사이를 넘나들며 황금빛 날개를 흔들어, 세상과 손님들 사이에 아름다운 융단을 가림막으로 걸어 놓았다.

하인리히는 비로소 축제[34]가 무엇인지 알게 되었다. 수천의 행복한 정령들이 식탁 주변으로 하늘하늘 날아다니며, 즐거워하는 사람들과 조용히 교감하는 가운데 그들의 즐거움을 양식 삼으며 그들의 행복에 도취된 것 같았다. 삶의 즐거움이 황금빛 열매로 가득 찬, 울리는 소리를 내는 나무처럼 그 앞에 놓여 있었다. 악한 것은 보이지 않았다. 인간의 성향이 언젠가 이 나무로부터 위험한 인식의 열매 쪽으로, 또 전쟁의 나무 쪽으로 방향이 바뀌었다는 것이 그에겐 불가능한 것처럼 보였다. 그는 이제 포도주와 음식을 이해하게 되었다. 그것들은 정말 맛있었다. 천상의 기름이 그를 위한 음식의 양념이 되고, 술잔에는 이 지상의 삶의 장엄함이 반짝였다. 몇몇 소녀가 슈바닝에게 신선한 꽃다발을 가져다 주었다. 그는 꽃다발을 머리에 쓰고 그들에게 입맞춤을 하며 말했다.

"우리의 친구 클링소르에게도 꽃다발을 주지 않으련? 그러면 그 답례로 우리 두 사람이 새로운 노래를 몇 곡 가르쳐 주지. 내 노래는 바로 듣게 될 게다."

그는 연주자들에게 손짓을 하고 큰 소리로 노래를 불렀다.

우리는 괴로운 존재가 아닌가?
우리의 운명은 슬프지 않은가?
억압과 곤궁을 겪도록 운명 지워져
우리는 위장하려고만 애쓰네.
탄식조차 우리의 가슴에서
떨쳐 내지 못하고 있으니.

우리의 충만한 가슴은
부모들이 말하는 모든 것에 저항하지.
금지된 열매를 따고자
우리는 동경의 고통을 느끼네.
매력적인 소년들을
우리 가슴에 꼭 품어주고 싶네.

이런 생각을 하는 것만으로도 죄가 되려나?
하지만 생각엔 세금이 없어.
이 가련한 소녀에게
달콤함 꿈 말고 무엇이 남아 있겠는가?

사람들이 그것을 아무리 쫓아 버리려 해도
결코 그 꿈을 끌어낼 수 없네.

저녁마다 아무리 기도를 해도
고독은 우리를 놀라게 하고,
우리가 나누던 키스에
그리움과 호의가 다가서네.
우리는 무난히 거역할 수 있을까,
바쳐야 할 모든 것을?

엄한 어머니들은 명하지.
매력을 감추라고.
아, 제아무리 강한 의지라도 소용이 있을까?
우리의 매력은 저절로 샘솟아 오르는 걸.
그리움이 내면에서 진동하면,
제아무리 강한 끈도 무용지물이라네.

모든 연정일랑 숨겨두고,
돌처럼 단단하고 차갑게
아름다운 눈에도 인사하지 마라.
부지런하고 혼자
어떤 부탁도 들어주지 마라.
이런 것이 젊은 시절의 삶인가요?

소녀의 고통은 크고,
그녀의 가슴은 병들어 상처가 깊네.

그녀의 조용한 탄식의 보답이라고 해 봤자
기껏해야 시든 입에 키스하는 것뿐.
도대체 형세는 결코 바뀌지 않을 것인데,
그래서 늙은이들의 왕국은 끝나지 않으려나?

늙은이도 젊은이도 모두 웃음을 터뜨렸다. 소녀들은 얼굴
이 빨개져 옆에 서서 살짝 미소를 지었다. 수많은 농담이 오가
는 가운데, 두 번째 화환이 들어와 클링소르의 머리 위에 씌워
졌다. 그러나 소녀들은 그렇게 짓궂은 노래는 부르지 말아 달라
고 부탁했다.

"그러마."

클링소르가 말했다.

"그렇게 경박하게 너희들의 비밀을 털어놓지 않도록 조심하
마. 무슨 노래가 듣고 싶은지 직접 말해 보렴."

"사랑에 대한 것만 아니면 돼요."

소녀들이 외쳤다.

"혹시 가능하다면 포도주와 관련된 민요를 불러 주세요."

클링소르가 노래를 시작했다.

우리에게 천국을 가져다주는 신[35]은
푸른 산에서 태어난다네.
태양이 그를 선택하여
불꽃으로 그에게 스며드네

그가 봄에 기쁘게 수태되면
연약한 자궁이 조용히 솟아오르고,
가을에 열매를 맺으면
황금빛 아이가 뛰어나온다네.

사람들이 그를 지하실
비좁은 요람[36]에 갖다 놓는다네.
그는 축제와 승리를 꿈꾸며
수많은 공중누각을 짓는다네.

초조해하며 밀고 나가
젊음의 힘으로
모든 굴레와 족쇄를 부수어 여는 동안
누구든 그의 방엔 다가가지 않지.

그가 꿈을 꾸는 동안
보이지 않는 간수들[37]이 주변을 지키고 있으니,
이 성스러운 문지방을 넘어서는 자,
간수들의 휘몰아치는
창에 맞으리라.

날개가 펼쳐지는 동안,
그는 반짝이는 눈을 보이게 하고.
성직자들로 하여금
그에게 애원해서, 밖으로 나오게 하네.

그는 수정 옷[38]을 입고 나타난다네
요람의 어두운 지하실로부터.
침묵의 약속인 장미[39]를 가득
의미심장하게 손에 들고서.

그러면 곳곳에서 신봉자들이 흥겨워하고
환호성을 지르며 그를 둘러싼다네.
그리고 수천의 즐거운 혀들이
그를 위해 사랑과 감사의 말을 중얼거리네.

그는 헤아릴 수 없는 빛살 속에
내적인 삶을 세상에 뿌리네.
이제 사랑이 그의 접시에서 마시고
영원히 그의 친구가 되네.

황금시대의 정신으로
옛날부터 시인을 받아들였네.
시인은 언제나 그의 유쾌함을
도취된 노래로 부른다네.

그는 시인의 진의를 존중토록
모든 예쁜 입에 대한 권리를 주었다네.
어떤 소녀도 이 권리를 거절해서는 안 된다네.
신은 시인을 통해 모두에게 그것을 알렸네.

"멋진 예언가세요!"

소녀들이 소리쳤다. 슈바닝도 매우 기뻐했다. 소녀들은 몇 번이고 이의를 제기했지만 아무런 도움이 되지 못했다. 결국 그에게 달콤한 입술을 내밀어야 했다. 하인리히는 옆에 있는 진지한 소녀에게 부끄러웠다. 그렇지 않았더라면 시인의 권리에 대해 큰 소리로 기뻐했을 것이다. 베로니카는 꽃다발을 건네준 소녀들 중 한 명이었다. 그녀가 즐겁게 되돌아와 하인리히에게 말했다.

"시인은 참 멋져, 그렇지 않아?"

하인리히는 이 질문에 대답할 용기가 나지 않았다. 고양된 기쁨과 첫사랑의 진지함이 그의 마음속에서 다퉜다. 매력적인 베로니카는 다른 사람과 농담을 했고, 그래서 하인리히는 고양된 기쁨을 다소 진정시킬 시간을 벌었다.

마틸데는 그에게 기타를 칠 줄 안다고 이야기했다.

"아하, 그렇군요!"

하인리히가 말했다.

"당신에게서 기타를 배우고 싶어요. 오래전부터 기타를 배우고 싶었거든요."

"아버지가 가르쳐 주셨어요. 아버지는 정말 탁월하게 기타를 잘 연주하신답니다."

그녀가 얼굴을 붉히면서 말했다.

"당신에게서 기타를 배우면 훨씬 더 빨리 배울 수 있을 것 같아요."

하인리히가 응답했다.

"당신의 노래를 들을 수 있으면 얼마나 좋을까."

"너무 많은 것을 기대하지는 말아요."

하인리히가 말했다.

"오! 기대할 수밖에 없지요. 당신이 하는 말 자체가 이미 노래고, 당신의 모습은 천상의 음악을 예고하니 말이에요."

마틸데는 말이 없었다. 그녀의 아버지가 하인리히와 대화를 시작했고, 하인리히는 그 대화에서 무척 열광적으로 말했다. 가까이 있던 사람들이 젊은 청년의 달변과 충만한 비유적 사고에 대해 놀랄 정도였다. 조용히 관심을 기울여 그를 주시하고 있는 마틸데는 그가 하는 말을 들으며 즐거워하는 것 같았다. 말을 할 때마다 그의 얼굴은 한층 더 풍부한 표정을 드러냈다. 두 눈은 이례적으로 반짝였다. 그는 가끔 마틸데를 돌아보았다. 그녀는 그의 얼굴 표정을 보고 놀랐다. 열심히 대화를 나누는 가운데 하인리히가 슬쩍 그녀의 손을 잡았다. 그녀는 살며시 손을 눌러줌으로써 그와 나누었던 많은 것이 진실임을 입증해 주지 않을 수 없었다. 클링소르는 하인리히가 열광을 유지하며, 그의 모든 영혼을 말로 드러내도록 능숙하게 유도했다.

마침내 모두들 자리에서 일어나 뒤섞여 북적였다. 하인리히는 마틸데의 옆에 남았다. 그들은 눈에 띄지 않게 한쪽 옆에 떨어져 서 있었다. 하인리히가 그녀의 손에 키스했다. 그녀는 손을 맡긴 채, 한없이 친근하게 그를 바라보았다. 그는 더 이상 참을 수 없어 그녀에게 몸을 돌려 입을 맞추었다. 그녀는 당황했지만 자신도 모르게 그의 뜨거운 키스에 응답했다.

"사랑하는 마틸데."

"사랑하는 하인리히."

이것이 그들이 주고받을 수 있는 말의 전부였다. 그녀는 그의 손을 살며시 내려놓고 다른 사람들 사이로 걸어갔다. 하인리히는 천상에 있는 것처럼 서 있었다. 그의 어머니가 다가왔다. 그는 아주 부드럽게 어머니를 대했다. 그녀가 말했다.

"아우크스부르크로 여행 오기를 잘했지, 그렇지 않니? 여기가 마음에 드니?"

"사랑하는 어머니."

하인리히가 말했다.

"아주 좋아요, 이럴 줄은 상상도 못한 걸요."

남은 저녁 시간은 즐거움 속에서 지나갔다. 나이가 든 사람들은 카드를 하거나 잡담을 나누며 젊은이들이 춤추는 것을 지켜보았다. 음악이 기쁨의 바다처럼 홀 안에 물결치며 도취된 젊은이들을 들뜨게 했다.

하인리히는 처음으로 쾌감과 사랑의 황홀한 예감을 동시에 느꼈다. 마틸데 역시 이 상쾌한 물결에 자신을 맡겼다. 그녀가 그에 대한 다정한 신뢰와 그를 향해 싹트는 애정을 투명한 베일 뒤에 숨겨 놓을 수밖에 없었기에 슈바닝은 두 사람의 사이를 눈치채고 놀렸다.

클링소르는 하인리히를 아주 좋아하게 되었다. 특히 그의 상냥한 성격이 마음에 들었다. 다른 젊은 총각과 처녀들도 두 사람 사이를 곧 알아챘다. 그들은 진지한 마틸데가 튀링겐에서 온 청년과 함께 있으면서 더 진지해졌다고 놀려댔다. 그러면서도 마틸데가 그들이 관심을 기울이던 연애 사업에 대해 더 이상 꺼리지 않게 돼 기분 좋다고 털어놓았다.

사람들은 밤이 깊어서야 헤어졌고, 하인리히의 어머니는 피곤해서 쉬기 위해 누웠다.

'내 인생의 처음이자 유일한 파티였어.'

하인리히는 혼잣말로 중얼거렸다.

'꿈속에서 푸른꽃을 보았을 때와 비슷한 기분이 아닌가? 그 꽃과 마틸데 사이에는 어떤 특별한 관계가 있는 걸까? 꽃받침 사이로 나를 향해 고개를 내밀던 얼굴은 바로 천사 같은 마틸데의 얼굴이었어. 그리고 그 얼굴을 은둔자의 책에서 봤던 게 기억나. 그렇지만 그땐 내가 왜 크게 감동을 받지 않았을까? 오! 그녀는 노래의 정신이 가시화된 존재인 거야. 그녀는 그녀의 아버지에 버금가는 딸인 게지. 그녀는 나를 음악 안에 녹여 넣을 테고, 그래서 그녀는 나의 가장 내밀한 영혼이요, 나의 신성한 불꽃의 여사제가 될 거야. 나의 내면에서 신뢰의 영원성이 느껴져. 나는 오로지 그녀만을 사모하고, 영원히 그녀에게 봉사하고, 그녀를 생각하고 느끼기 위해 이 세상에 태어난 거야. 그녀를 숭배하고 표상하려면 완전하고 고유한 존재가 되어야 하지 않을까? 나는 행복한 사람이지, 본질적으로 그녀의 메아리요, 거울이 아닌가 말이다? 내가 그녀를 이 여행의 끝에서 보았다는 것과, 유쾌한 축제가 내 인생의 최고의 순간에 있었다는 것은 결코 우연이 아니지. 더 좋을 수 없지. 그녀의 존재가 모든 것을 축제로 만들지 않았는가?'

그는 창가로 다가갔다. 무수한 별들이 어두운 하늘에 떠 있었다. 동편에 하얀 빛이 새날이 다가오고 있음을 알려주었다.

하인리히는 황홀해서 소리쳤다.

'너희들 조용한 별들이여, 은밀한 방랑자들이여, 나는 너희들을 내 신성한 맹세의 증인으로 삼겠노라. 나는 마틸데를 위해 살고 싶다. 영원한 신의가 나의 마음을 그녀의 마음에 결합시켜 줄 것이다. 나를 위해 또한 영원한 날의 아침이 밝아오고 있구나. 밤은 지나갔다. 나는 떠오르는 태양에 나 자신을 영원히 타오를 제물로서 불태우리라.'

흥분한 하인리히는 아침이 다 되어서야 잠이 들었다. 영혼의 상념들이 신기한 꿈속에서 섞여 들었다. 깊고 푸른 강줄기가 푸른 평원에서 반짝였다. 매끄러운 수면 위에 작은 배 한 척이 떠돌았다. 마틸데가 앉아서 노를 저었다. 그녀는 꽃다발로 장식하고 있었는데, 소박한 노래를 부르면서 달콤하면서도 서러운 듯한 표정으로 그를 바라보았다. 가슴이 먹먹했다. 그러나 왜 그런지 알 수 없었다. 하늘은 맑고, 강 역시 평온했다. 그녀의 천상의 얼굴이 물결 속에 비쳤다. 갑자기 작은 배가 빙빙 돌기 시작했다. 그는 걱정이 되어 그녀에게 소리쳤다. 그녀는 미소를 지으며 노를 배 안에 올려놓았다. 작은 배는 계속해서 빙빙 돌았다. 엄청난 불안이 그를 덮쳤다. 그는 강물 속으로 뛰어들었다. 그러나 앞으로 나아갈 수 없었다. 물결이 그를 방해했다. 그녀가 손짓을 보내는데, 뭔가 할 말이 있는 것 같았다. 작은 배는 벌써 물을 뒤집어 썼다. 그런 와중에도 그녀는 형언하기 어려운 친밀한 미소를 지으며 즐겁게 소용돌이를 바라보았다. 소용돌이가 갑자기 그녀를 아래로 잡아끌었다.

강물 위로 부드러운 바람이 스쳐 갔다. 강물은 예전처럼 조용히 반짝이며 흘렀다. 끔찍한 공포가 그에게서 의식을 앗아갔다. 심장도 더 이상 뛰지 않았다. 정신이 돌아왔을 때 땅바닥이 말라 있다는 것을 느꼈다. 멀리 헤엄쳐 온 것 같았다. 그곳은 낯선 고장이었다. 무슨 일이 일어났는지 도무지 알 수가 없었다. 의식은 사라지고 없었다. 아무 생각 없이 그는 내지內地로 깊숙히 들어갔다. 몹시 피곤하게 느껴졌다. 언덕에서 조그만 샘물이 흘러나왔는데, 소리가 큰 종소리처럼 울렸다. 그는 손바닥으로 몇 방울 물을 떠서 바싹 마른 입술을 적셨다. 악몽처럼 끔찍한 사건이 하인리히 뒤에 놓여 있었다. 계속해서 걷고 또 걸었다. 꽃과 나무들이 그에게 말을 걸어왔다. 그는 안락하고 편안해졌다. 그때 마틸데가 부르던 소박한 노래가 다시 들렸다. 소리가 나는 곳으로 달려갔다. 갑자기 누군가가 코트를 잡아끌었다.

"사랑하는 하인리히."

익숙한 목소리가 소리쳤다. 그는 뒤를 돌아보았다. 마틸데가 그를 두 팔로 끌어안았다.

"왜 그렇게 내게서 도망가는 건가요?"

그녀가 깊은 숨을 쉬면서 말했다.

"따라잡지 못 할 뻔했잖아요."

하인리히는 울며 그녀를 꼭 껴안았다.

"강은 어디 있지요?"

그는 눈물을 흘리면서 소리쳤다.

"머리 위에 푸른 물결이 보이지 않나요?"

그는 올려다보았다. 푸른 물결이 그들의 머리 위에서 조용히 흘러갔다.

"우리는 지금 어디 있는 건가요, 사랑하는 마틸데?"

"우리 부모님들 곁에요."

"우리가 함께 있을 수 있을까요?"

"영원히."

그렇게 대답하고서 그녀는 자신의 입술을 그의 입술에 갖다 댔다. 그리고 다시는 떨어지지 않겠다는 듯 두 팔로 그를 꼭 끌어안았다. 그녀가 그의 입에다 대고 뭔가 놀랍고 신비스러운 말을 했는데, 그 말이 영혼 깊숙한 곳까지 울려 퍼졌다. 그 말을 반복해 보려고 할 때, 할아버지가 부르는 소리에 잠에서 깨어났다. 하인리히는 목숨을 걸고서라도 그 말이 무엇인지 알고 싶었다.

7장

자연

·

클링소르는 하인리히의 침대 앞에 서 있다가, 그에게 친근한 아침 인사를 건넸다. 하인리히는 잠에서 깨어나 클링소르의 목을 끌어안았다.

"이런 사람 하고는."

슈바닝이 말했다. 하인리히는 미소 지으며 자기 얼굴이 빨개지는 건 엄마에게서 물려받은 것이라며 얼버무렸다.

"나와 함께 시내 근처에 있는 아름다운 언덕 위에서 아침 식사를 하는 게 어떻겠나?"

클링소르가 말했다.

"멋진 아침이 자네에게 생기를 북돋워 줄 걸세. 옷을 입게나, 마틸데가 벌써 우리를 기다리고 있다네."

하인리히는 반가운 초대에 기뻐하면서 감사했다. 곧 준비를 끝내고 열정적으로 클링소르의 손에 입을 맞추었다.

그들은 마틸데에게 갔다. 아침 옷으로 간소하게 입은 그녀는 놀라울 만큼 아름다워 보였다. 그녀는 이미 아침 식사를 바구니에 담아 한 쪽 팔에 걸었고, 다른 팔은 하인리히에게 내밀었다. 클링소르는 그들 뒤를 따랐다. 그들은 그렇게 이미 활기에 차 있는 시내를 지나 강가의 작은 언덕을 향해 걸어갔다. 그곳은 키 큰 나무 몇 그루 아래에 있는 넓고 풍만하게 조망이 트인 곳이었다.

"저는 예전부터 종종……"

하인리히가 큰 소리로 말했다.

"다채롭게 펼쳐진 자연을, 또 자연의 여러 가지 요소가 평화롭게 이웃하고 있는 것을 즐겼습니다. 그러나 오늘처럼 이렇게 창조적이고 뛰어난 기쁨은 처음입니다. 멀리 있는 풍경이 아주 가깝게 보이고, 이토록 풍요로운 풍경은 제 내면의 환상 같습니다. 자연은 얼마나 변화무쌍한지요, 변하지 않을 것처럼 보이지만 말입니다. 비탄에 빠진 사람이 우리 앞에서 한탄을 하거나, 혹은 농부가 올해 날씨가 얼마나 좋지 않은지, 씨앗이 자라기 위해 우중충하게 비 오는 날이 얼마나 필요한지 우리에게 설명할 때보다, 우리 곁에 천사가, 말하자면 더 힘센 정령이 있을 때 자연은 얼마나 다른지요, 존경하는 스승님, 저는 당신 덕분에 이 기쁨을 누리게 되었습니다. 그렇습니다. 이 기쁨을 말입니다. 도대체 제 마음의 상태를 더 참되게 표현할 수 있는 다른 말이 없군요. 환희와 즐거움, 황홀감은 기쁨의 일부일 뿐이고, 이 기쁨이 야말로 이러한 것들을 보다 높은 차원의 삶으로 연결해 주지요.”

하인리히는 마틸데의 손을 가져다가 자신의 가슴에 대고, 뜨거운 눈길로 그녀의 부드럽고 민감한 눈동자에 빠져들었다.

“자연과 정서의 관계는……”

클링소르가 대답했다.

“물체와 빛의 관계와 같지. 물체는 빛을 제지하지. 그러면 빛은 독특한 색깔로 분산된다네. 물체의 표면이나 내부에서 빛은 점화되고, 그 빛이 물체의 어둠과 동일하면 물체를 맑고 투명하게 만들고, 그 어둠을 능가하면 다른 물체를 비추기 위해 그로부터 나오게 되지. 그러나 가장 어두운 물체조차도 물과 불, 공기를 통해, 밝고 빛나게끔 할 수 있지.”

“무슨 말씀인지 알겠습니다, 존경하는 스승님. 인간들은 정서상 수정과 같습니다. 인간들은 투명한 자연입니다. 사랑하는 마틸데, 나는 그대를 귀중하고 순수한 사파이어라고 부르고 싶군요. 그대는 하늘처럼 맑고 투명하답니다. 또 그대는 가장 온화한 빛으로 빛나기도 하구요. 그러나 스승님, 제가 옳은지 말씀해 주십시오. 사람들은 가장 친밀하게 자연을 잘 알게 되면 더 이상의 말은 필요 없다고 생각합니다.”

“그건 우리가 그걸 어떻게 보느냐에 달려 있지.”

클링소르가 대답했다.

“자연이 우리의 즐거움 같은 정서와 맺는 관계와, 자연이 우리의 오성이나 우주적인 힘의 선도적인 능력과 맺는 관계는 별개의 것이라네. 우리는 한 가지 것에 정신이 팔려 또 다른 것을 잊지 않도록 주의해야만 하지. 단지 한 가지 아는 것으로 다른 것을 사소하게 평가하는 사람들이 많이 있지. 그러나 그 두 가지를 하나로 합칠 수 있고, 그렇게 되면 우리는 건강해진다네. 소수의 사람만이 내면에서 가장 자유롭고 민첩하게 움직일 수 있고, 또한 철저하게 구분함으로써 자신의 정서의 힘을 가장 자연스럽고도 목적에 맞게 사용하도록 유의할 수 있다는 것은 유감스러운 일이야. 보통 하나의 힘이 다른 하나의 힘을 방해하게 되고, 점차적으로 어색한 태만이 발생해서, 그러한 사람이 한번 있는 힘을 다해 한껏 일어서 보려고 해도, 그만 온통 혹독한 혼란과 갈등에 빠지게 되고 말지. 그리고 그들의 힘은 서로 포개어져서 비틀거리게 되는 거야. 나는 자네의 오성과 자연스러운 충동을 충분히 알고, 또 모든 일이 어떻게 일어나며 논리적으로나 인과적으로 서로 어떤 관계를 맺는지 파악할 수 있도록 하는 것이 아무리 강조해도 충분하지 않다고 말해주고 싶네. 시인에게 필요한 것은 모든 일의 본질에 대한 통찰력과, 그때그때 목적에 이르기 위한 수단들에 대한 지식과, 시간과 상황에 따라 가장 적절한 수단을 고를 줄 아는 정신의 태도지. 오성이 결여된 열광은 무용하고 위험하다네. 시인 자신이 기적을 보고 놀란다면 그는 기적을 행할 수가 없지."

"그렇지만 시인에게는 인간이 운명을 통제할 수 있다는 내면적 믿음이 없어서는 안 되겠지요?"

"물론 그것은 필수 불가결하지. 운명에 대해 철저하게 생각해 본다면, 시인은 그것에 대해 달리 상상할 수 없어. 그러나 이 즐거운 확신은 불안스러운 불확신과, 또 미신에 대한 맹목적인 두려움과는 거리가 멀다네. 그러므로 시인의 차분하고 따뜻한 마음 역시 병적인 가슴의 거친 열광과는 정반대되는 거지. 후자가 빈약하고 당혹스럽고 일시적이라면, 전자는 모든 형태의 경계를 깔끔하게 나누고, 다양한 관계의 형성을 장려하고, 스스로 영원하지. 그러나 젊은 시인은 아직 차분하거나 사려가 충분히 깊지는 못하지. 진실하고 선율적인 대화를 위해서는 넓고 주의력 깊고 차분한 감각이 필요할 걸세. 가슴속에서 거친 폭풍우가 날뛰고 주의력이 흩어져 방심으로 용해되면 그것은 혼란스러운 잡담이 될 뿐이네. 다시 한 번 반복하지만 참된 정서는 빛과 같다네. 그것은 빛처럼 차분하고 민감하며, 탄력적이고 침투력이 있고, 힘찬데다 보이지 않게 작용하게 마련이지. 이 소중한 자연의 요소로서 말이야. 그 요소는 모든 사물에 정밀하게 나뉘어져 사물을 매력적이고도 다양함 속에 나타나게끔 하지. 시인은 순수한 강철이고, 깨지기 쉬운 유리처럼 민감하며, 또 유연성 없는 조약돌처럼 단단하다네."

"저도 가끔 그런 것을 느꼈어요."

하인리히가 말했다.

"제가 가장 진심 어린 순간에 있을 때는 자유롭게 돌아다니거나 제 일을 즐겁게 처리할 때보다 덜 활달했지요. 그럴 때면 예리한 정신적 정수가 제 몸속으로 파고 들었어요. 모든 감각을 제가 원하는 대로 쓸 수 있었고요. 그리고 모든 생각을 마치 실제의 물체처럼 이리저리 둘러보면서 사방에서 관찰할 수 있었어요. 저는 은근한 관심을 가지고 아버지의 작업장에 서 있다가 아버지를 도와 뭔가를 솜씨 좋게 완성할 때면 정말 기뻤습니다. 솜씨가 능숙하다는 것은 우리의 기운을 돋우어 주는 아주 특별한 매력을 지니고 있어요. 그리고 사실 능숙한 솜씨를 의식하는 것은 알 수 없이 솟구치는 화려한 감정보다 더 지속적이고 뚜렷한 기쁨을 우리에게 주지요."

"자네의 경험을 비난할 생각은 없네만."

클링소르가 말했다.

"그런 감정은 저절로 생겨나야지 구하려고 해서는 안 되고, 심지어 드물게 발현되는 게 좋다네. 자주 발생하면 피곤하고 지치게 되지. 우리는 그런 감정 뒤에 남는 달콤한 마비 상태로부터 아무리 빨리 빠져나와도 지나치지 않지. 그리고 규칙적인 바쁜 일상으로 돌아가는 게 좋아. 이것은 우아한 아침 꿈과도 같아서, 그 아침 꿈의 소용돌이로부터 있는 힘을 다해야 박차고 빠져나올 수 있어. 점점 더 노곤한 상태 속으로 빨려 들어가지 않으려면, 또 깨어난 뒤 하루 종일 병적인 탈진 상태로 비틀거리지 않으려면 말이야."

"시라는 것은 말이야"

클링소르가 계속해서 말했다.

"무엇보다도 엄격한 예술로서 추구해야 한다네. 단순한 즐거움으로 추구한다면 시는 시이길 멈추지. 시인이 하루 종일 한가하게 돌아다니고 이미지와 감정을 찾아다녀야만 하는 것은 아니야. 그건 그야말로 전도된 길이지. 순수하고 열린 마음과, 능숙한 숙고와 고찰, 숙련, 이 모든 것이야말로 우리 예술의 필수적인 것들이지. 여기서 숙련이란 자신의 모든 능력을 서로 간에 생기를 주는 활동으로 전환하여 계속 그렇게 유지시키는 것을 말한다네. 자네가 내게 배우고 싶다면, 자네의 지식을 늘리고 유용한 통찰력을 조금이라도 키우지 않고는 단 하루도 그냥 지나가게 하지 않도록 하게나.

시내에는 다양한 유형의 예술가들이 많지. 경험 많은 정치가들도 있고, 교양 있는 상인들도 몇 명씩 있어. 크게 격식을 차리지 않고도 인간 사회의 모든 계층과 직업, 모든 상황, 요구를 알 수 있다네. 나는 자네에게 기꺼이 우리 예술의 장인 정신을 가르쳐 주고, 또 중요한 서적들을 자네와 함께 읽도록 하겠네. 자네는 마틸데의 수업 시간에 함께해도 좋네. 그러면 이 아이가 기쁜 마음으로 자네에게 기타를 연주하는 법을 가르쳐 줄 걸세. 모든 활동은 제각각 나머지 활동을 준비하기 위한 것이지. 하루하루 훌륭하게 투자하고 나면, 그 뒤로 사교적인 저녁 모임의 대화와 즐거움, 주변의 아름다운 자연 풍경의 일별一瞥이 계속해서 쾌활한 즐거움으로 자네를 놀라게 할 걸세."

"존경하는 스승님께서 얼마나 멋진 인생을 제 앞에 열어 보여 주셨는지요. 스승님의 가르침 아래 저는 제 앞에 어떤 고상한 목표가 놓여 있는지, 그리고 스승님의 충고를 통해 그 목표에 도달하기를 얼마나 바라고 있는지 비로소 알아채고 있습니다."

클링소르는 하인리히를 다정하게 안아 주었다. 마틸데는 그들에게 아침 식사를 건네주었다. 하인리히가 애정 어린 목소리로 그녀에게 자신을 수업의 동반자이자 제자로 받아들여 주겠는지 물었다.

"영원히 당신의 제자로 남고 싶군요."

클링소르가 다른 쪽으로 몸을 돌린 사이 그가 말했다. 그녀가 슬며시 그에게 기댔다. 그는 그녀를 끌어안고 얼굴이 빨개진 그녀의 부드러운 입술에 입을 맞추었다. 마틸데는 부드럽게 몸을 굽혀 그에게서 빠져나와, 천진난만하게 애교를 부리며 가슴에 달고 있던 장미를 그에게 건네주었다. 그녀는 바삐 바구니를 챙겼다. 하인리히는 평온한 황홀함으로 그녀를 물끄러미 바라보며 장미에 입을 맞추고 그것을 가슴에 달았다. 그러고는 클링소르 옆으로 갔다. 그는 도시 너머를 내려다보고 있었다.

"자네는 어디로 해서 이곳에 왔지?"

클링소르가 물었다.

"저 언덕을 넘어 아래로 내려왔는데"

하인리히가 대답했다.

"그 길은 여기서 보이지 않는군요."

"아름다운 고장들을 보았겠구나."

"아름다운 풍경이 끊임없이 이어졌습니다."

"자네 고향도 물론 아름다운 곳이겠지?"

"그곳은 아주 변화가 많아요. 그러면서도 아직 거칠고요. 그리고 큰 강이 없어요. 대하大河야말로 풍경의 눈이잖아요."

"어제저녁 자네가 들려준 여행 이야기가 아주 즐거웠네."

클링소르가 말했다.

"시詩의 정신이 자네의 친절한 동반자임을 알았지. 그 동반자들이 알아차리지 못하는 사이 자네의 목소리가 된 게지. 시인의 주변 어디서나 시가 터져 나오기 마련이라네. 시의 나라인 낭만적인 동방은 자네를 달콤한 애수로 맞아 주었고, 전쟁이 그 거친 웅장함으로 자네에게 말을 걸었다면, 자연과 역사는 광부와 은둔자의 모습으로 자네와 마주친 거라네."

"스승님. 천상적 사랑이 그 모습을 드러낸 것 또한 중요한 게 아닐까요…… 이 현현顯現을 제가 영원히 간직할 수 있느냐는 오로지 스승님께 달려 있습니다."

"네 생각은 어떠냐?"

막 자기 쪽으로 걸어오는 마틸데에게 몸을 돌리면서 클링소르가 큰 소리로 물었다. "너는 하인리히의 뗄 수 없는 동반자가 되고 싶은 게냐? 네 결정에 나도 따르마."

마틸데는 깜짝 놀라 아버지의 품으로 달려들었다. 하인리히는 무한한 기쁨으로 몸이 떨렸다.

"저 사람이 영원히 저를 데려가고 싶어 하나요, 아버지?"

"그에게 직접 물어보려무나."

감동적인 목소리로 클링소르가 말했다. 그녀는 깊은 애정을 담아 하인리히를 쳐다보았다.

"우리의 영원함은 사실 당신에게 달려 있소."

하인리히가 큰 소리로 말했다. 그의 생기발랄한 뺨 위로 눈물이 뚝뚝 떨어졌다. 그들은 거의 동시에 서로 끌어안았다.

클링소르는 두 사람을 한꺼번에 껴안았다.

"얘들아."

그가 말했다.

"죽을 때까지 신의를 지키도록 하렴. 사랑과 신의가 너희의 인생을 영원한 시로 만들어 줄 테니."

8장

시인과 푸른꽃

오후에 클링소르는 새로 얻은 아들을 자기 방으로 데리고 가 자신의 책들을 보여 주었다. 하인리히의 어머니와 할아버지는 행복해하는 그의 모습을 보고 애정 어린 관심을 보였으며 마틸 데를 그의 수호신으로 높이 샀다. 나중에 클링소르와 하인리히 가 시에 관한 이야기를 나누기 시작했다.

"사람들이 자연을 시인이라고 지칭할 때⋯⋯"

클링소르가 말했다.

"왜 우리가 일상적인 의미로 시라는 말을 쓰는 건지 이해할 수가 없다네. 자연이 모든 시대에 시인이었던 것은 아니거든. 자 연 안에도 인간과 마찬가지로 시에 대립되는 본질, 즉 어두운 욕 망이라든가 얼어붙은 듯한 무감각, 그리고 나태 같은 것이 있기 마련이지. 이것들이 시와 끊임없는 싸움을 일으키고 있어. 이러한 격한 투쟁이 한 편의 시를 위한 훌륭한 소재가 될 수도 있을 테지. 많은 나라와 시대는 대부분의 사람들과 마찬가지로 모두 이 같은 시의 적들의 지배 아래 있다고 할 수 있지. 반면에 다른 곳 다른 시대에는 시가 자연스럽게 도처에 퍼져 있어. 역사를 기술하는 사람들에게는 이러한 투쟁의 시대가 가장 눈길을 끌지. 이러한 시대를 서술하는 것이야말로 매력적이고 보람 있는 일이지. 대체로 이러한 시대가 시인들의 탄생 시기가 된다네.

이 시기에 시의 적대자에게는 그 어느 것도, 시에 대항하다 스스로 시적인 인격이 되는 것보다 불쾌한 것은 없지. 격정적으로 싸우다 인격과 무기를 맞바꾸게 되어 자신이 만든 음험한 포탄에 얻어맞는 일이 드물지 않거든. 이와 반대로, 자기 것이 되어 버린 무기에 의해 생긴 부상은 쉽게 치유되어 오히려 시를 한층 더 매력적이고 강력하게 만들어 준다는 거야."

"전쟁[40]은 일반적으로……"

하인리히가 말했다.

"시적인 작용인 것 같아요. 사람들은 전쟁을 하찮은 재산을 놓고 싸우는 것이라고만 생각하지요. 낭만적인 정신이 사람들을 자극해서 그들 자신을 통해 불필요한 악을 제거한다는 사실은 깨닫지 못하고 있어요. 그들은 시의 책무를 위해 전쟁을 수행하는 거예요. 그러므로 두 군대는 모두 눈에 보이지 않는 하나의 똑같은 깃발을 좇는 것이지요."

"전쟁이 일어나면……"

클링소르가 말했다.

"태초의 바다가 뒤섞이는 거야. 새로운 대륙이 생기고, 대규모 해체로 인해 새로운 종족이 생기지. 진정한 전쟁은 종교 전쟁이야. 이런 전쟁은 바로 파멸에 이르고, 인간의 광기가 완벽한 모습으로 드러나지. 수많은 전쟁, 특히 민족적 증오심에서 일어나는 전쟁이 여기에 속해. 이런 전쟁은 진정한 시의 창작품이 된다네. 여기가 진정한 영웅들의 고향인 게지. 이들은 시인의 가장 고귀한 대립상이라 할 수 있어. 자신도 모르게 시로 가득 채워진 세계적인 힘이기 때문이야. 시인이 동시에 영웅일 수도 있다면 그는 신의 사절使節일 게다. 그러나 우리의 시는 그들을 묘사할 수 없어."

"그게 무슨 뜻인가요, 아버지?"

하인리히가 재차 물었다.

"어떤 대상은 시가 감당하기에 너무 과도하다는 말씀인가요?"

"물론이란다. 그렇지만 근본적으로 시가 감당하기에 과도하다기보다는 세속적인 수단과 도구가 감당하기에 과도하다고 말할 수 있겠지. 평정과 호흡을 잃지 않기 위해 시인 스스로 머물러야 하는 고유한 영역이 있듯이.

우리 인간들의 힘의 총량이 그런 것처럼 묘사에도 특정한 한계가 있단다. 그 한계를 벗어나면 그 묘사는 필요한 밀도와 형상화를 유지하지 못하고 공허하고 기만적인 망상으로 빠져들고 말지. 특히 초심자들은 이처럼 상궤를 벗어나지 않도록 조심해야 한단다. 생생한 상상력은 언제라도 한계에 다가가려 하며 자유분방하게 초감각적인 것과 과도한 것을 이해하고 표현해 보려고 시도해 보거든. 경험을 많이 쌓으면 원숙해져서 우리 스스로가 그와 같은 대상들의 불균형을 피할 수 있게 되고, 가장 단순하면서도 지고한 것을 탐구하는 일은 세상의 지혜에 위탁할 수 있게 된단다.

좀 더 나이가 든 시인은 자신이 갖고 있는 풍부한 자산을 쉽게 이해할 수 있는 질서 속에 놓기 위해 필요 이상으로 높이 오르려 하지 않아. 그는 자신에게 적절한 소재뿐만 아니라 비교적 관점을 제공해 주는 다양성을 버리지 않으려고 조심하지. 나는 모든 문학에서 혼돈이 질서의 규칙적인 베일 사이에서 가물거려야 한다고 말하고 싶어. 창작물을 쉽게 구성해야 그 풍요로움을 이해하기 쉽고 우아하게 만들어 줄 것이고, 그에 반해 단순히 조화롭게 균형만 잡는 것은 숫자들의 불쾌한 무미건조함에 불과할 뿐이지.

가장 훌륭한 시는 바로 우리 곁에 있어. 그리고 시가 가장 즐겨 다루는 대상이 평범한 소재일 경우가 드물지 않지. 시인에게 시는 몇 가지 제한된 도구에 묶여 있다네. 바로 그 때문에 시는 예술이 될 수 있는 거지. 일반적인 언어도 특정한 반경을 갖고 있단 말이라네. 특히 방언의 경우엔 그 범위가 훨씬 더 좁아. 연습과 성찰을 통해서 시인은 자신의 언어를 알게 된다네. 시인은 언어로 무엇을 할 수 있는지 정확히 알고 있으며 언어가 수행할 수 있는 것 이상으로 언어에게 전력을 다하도록 하는 어리석은 짓은 하지 않지. 아주 드문 경우에 그는 자신의 언어의 모든 힘을 한 지점으로 몰아가게 되는데, 왜냐하면 그렇게 하지 않으면 곧 지치게 되고 적절하게 잘 표현된 강력한 표출이 갖는 소중한 작용마저도 스스로 파괴하게 마련이기 때문이야. 언어로 하여금 도약하게끔 하는 짓은 오로지 광대나 벌이지, 시인은 그렇게 하지 않아.

시인은 음악가와 화가로부터 아무리 많은 것을 배워도 지나치다고 할 수 없네. 이 예술들에 있어서는 예술의 수단을 경제적으로 다루는 것이 얼마나 필요한 일인지, 또 예술에 있어서 적절한 균형이 얼마나 중요한지가 특히 인상적이지. 반면에 이들 예술가들은 우리로부터 시적인 독립성과 모든 문학과 창작물, 진정한 예술 작품의 내적인 정신을 고맙게 받아들여야 할 거야. 그들은 보다 시적이 되어야 하고, 우리들은 보다 음악적이고 회화적이 되어야 해. 이 두 가지는 나름 우리가 추구하는 예술의 방식이라고 할 수 있는 거겠지.

소재 자체가 예술의 목표는 아니라네. 오히려 그 실행이 목표라 할 수 있지. 자네도 가장 마음에 드는 노래가 있지 않나. 그 노래들은 분명히 가장 친숙하고 생생한 것을 대상으로 한 것들일 게야. 그렇기 때문에 시는 전적으로 경험에 기반한다고 할 수 있지. 나 스스로도 알고 있는 일이네만, 내가 젊은 시절 즐겨 부르지 않은 대상은 너무 쉽게 멀어지거나 낯설어졌다네. 지금은 어떻게 되었는가? 참된 시의 불꽃이란 전혀 없는, 초라하고 공허한 언어의 나열밖에 없지 않은가. 그렇기 때문에 동화는 아주 어려운 과제야. 젊은 시인이 이 과제를 해결하는 일은 아주 드물지."

"스승님의 동화를 한 편 듣고 싶어요."

하인리히가 말했다.

"제가 들었던 몇 안 되는 이야기는, 비록 별로 중요하다고 할 수는 없지만, 저를 형언할 수 없이 기쁘게 해 주었어요."

"그렇다면 오늘 밤에 자네 소원을 들어주지. 내가 아직 젊었을 때 만든 동화가 한 편 생각났네. 그것은 아직도 젊은 날의 흔적을 지니고 있지. 그렇기 때문에 어쩌면 자네에게 그만큼 더 교육적으로 즐겁게 해 줄 수도 있고, 내가 자네에게 들려준 많은 것을 떠올리게 될 수도 있을 거야."

"언어는 정말이지 기호와 소리로 이루어진 작은 세계 같아요."

하인리히가 말했다.

"그 세계를 지배하게 되면 더 큰 세계까지도 지배하고 싶어지고, 그러면 그것을 자유롭게 표현할 수 있게 되는 거에요. 그리고 시의 원천은 세계 바깥에 존재하는 것을 그 언어로 표현하고, 우리 존재의 근원적인 충동을 표현하는 즐거움 속에 들어 있지요."

"시가 특정한 이름을 갖거나 시인들이 특정한 길드를 만드는 것은 정말 좋지 않은 일이야."

클링소르가 말했다.

"시라는 것은 그렇게 특별한 게 아니야. 인간 정신의 독특한 행동 방식이지. 인간은 누구나 매 순간 창작하고 노력하고 있잖나."

그때 마침 마틸데가 방에 들어왔다. 클링소르는 계속해서 말했다.

"사랑을 놓고 한번 생각해 보기로 하자. 인류를 보존하는 데 있어 사랑만큼 시의 필연성이 명확한 것은 없을 거야. 사랑은 말을 할 수가 없고, 시만이 사랑을 대신해서 말을 할 수 있는 것이지. 아니, 사랑 자체가 최고의 자연적인 시라고 할 수 있어. 자네가 나보다 더 잘 알고 있는 것들에 대해서는 더 이상 말하지 않겠네."

"그렇지만 스승님은 사랑의 아버지세요."

하인리히가 마틸데를 포옹하면서 말했다. 두 사람은 클링소르의 손에 입을 맞추었다. 클링소르는 그들을 한 번 안아 준 다음 밖으로 나갔다.

"사랑하는 마틸데."

긴 입맞춤을 하고 나서 하인리히가 말했다.

"당신이 나의 사랑이 되다니 정말 꿈만 같군요. 지금까지 당신이 나의 사랑이 아니었다는 게 정말 놀라워요."

"나는 생각조차 할 수 없는 먼 옛날부터 당신을 알았던 것 같아요."

마틸데가 말했다.

"날 사랑할 수 있겠어요?"

"난 사랑이 뭔지 몰라요. 이제야 살기 시작한 것 같다고 느 낀다는 것과 당신을 너무 좋아한다는 것, 그리고 당신을 위해 죽 을 수도 있다는 것을 말해 주고 싶군요."

"사랑하는 마틸데. 나는 이제야 죽지 않는 것이 무엇인지 알 것 같아요. 그걸 뭐라고 부르든 말이에요."

"사랑하는 하인리히, 당신은 한없이 훌륭한 사람이에요. 너 무나 훌륭한 정신이 당신의 말 속에 스며 있어요. 나는 가련하고 보잘것없는 소녀에 지나지 않지만요."

"당신이 나를 얼마나 부끄럽게 하는지. 오직 당신을 통해서 만 지금의 내가 있어요. 당신이 없으면 나는 아무것도 아니지요. 하늘이 없는 정신이 무슨 소용이 있겠어요. 당신은 나를 지탱시 켜 주고 지켜 주는 하늘 같은 존재랍니다."

"당신이 나의 아버지처럼 그렇게 사랑을 지켜 준다면, 나는 정말 축복받은 사람일 겁니다. 어머니는 나를 낳은 직후 돌아가 셨지요. 아버지는 지금도 거의 날마다 어머니를 생각하면서 눈 물을 흘리셔요."

"나는 그럴 만한 인물이 못 되오. 다만 당신 아버지보다 운 이 좋았으면 해요!"

"나는 당신 곁에서 오래도록 살고 싶어요, 사랑하는 하인리히, 당신을 통해 훨씬 더 좋은 사람이 될 거에요."

"아, 마틸데. 죽음도 우리 사이를 갈라놓지 못할 거요."

"맞아요, 하인리히. 내가 어디에 있든, 그곳엔 언제나 당신이 있을 테니까요."

"그래요, 당신이 있는 곳에, 마틸데, 영원히 그곳엔 언제나 내가 있을 거요."

"난 영원이 뭔지 몰라요. 그렇지만 당신을 생각할 때마다 느끼는 그것이 영원인 게 분명해요."

"그래요, 마틸데. 우리는 영원해요. 서로 사랑하니까."

"당신은 믿지 못할 거요, 내 사랑. 오늘 일찍 집으로 돌아왔을 때, 내가 마리아상 앞에서 얼마나 열렬하게 무릎을 꿇고 얼마나 간절하게 기도를 올렸는지 말이오. 하염없이 울었던 것 같아요. 성모 마리아가 나를 향해 미소를 짓는 것 같았고, 나는 이제서야 감사하다는 것이 무엇인지 알게 되었지요.

오, 내 사랑아. 하늘은 당신을 사모하라고 내게 내려주신 것 같아요. 당신을 숭배합니다. 당신은 나의 뜻을 신께 전하는 성녀임에 틀림 없어요. 신이 당신을 통해 내게 계시하고 사랑의 충만함을 알려 주시는군요. 종교라는 게 뭐겠어요? 서로 사랑하는 마음으로 끝없이 이해하고 영원히 합일하는 것 아닌가요? 두 마음이 모이는 곳[41]엔 언제나 그들 사이에 그분이 함께 하시지요. 당신의 숨결은 나를 살아 숨 쉬게 하지요. 영원히 나의 가슴은 그치지 않고 당신을 완전히 흡수해서 가슴 깊이 새겨 둘 거요. 당신은 신이 보내신 영광이지요, 이 세상에서 가장 사랑스러운 베일 속의 영원한 생명이라오."

"아! 하인리히, 당신은 장미의 운명을 알고 있을 테지요. 당신은 나의 입술이 시들고 뺨이 창백해지더라도 사랑스럽게 키스해 줄 건가요? 나이 먹은 흔적은 이미 흘러간 사랑의 흔적이 아닌가요?"

"오, 당신이 내 눈을 통해서 내 마음을 들여다볼 수 있다면! 그러나 당신이 나를 사랑하니 나를 믿어 주오. 나는 매력이 변한다고 말하는 사람들을 이해할 수 없다오. 오! 매력은 시들지 않아. 이렇게 당신에게서 떨어질 수 없게끔 나를 잡아끄는 것, 내게 영원한 열망을 일깨우는 것은 이 시간 속에 생겨난 게 아니랍니다. 당신이 내게 어떻게 보이는지, 얼마나 놀라운 상이 당신의 모습을 꿰뚫고 도처에서 내게 다가오듯 반짝이는지, 그런 것을 당신이 볼 수 있다면 결코 나이 먹는 것을 걱정하지 않아도 될 텐데요. 지상의 모습은 이 상의 그림자일 뿐이에요. 지상의 힘들은 이 상을 붙잡아 두려고 다투어 솟아나는 것이지요. 그러나 자연은 아직 성숙하지 못했어요. 이 상은 영원한 원상原象[42]이며, 미지의 신성한 세계의 일부랍니다."

"무슨 말인지 알겠어요, 사랑하는 하인리히. 당신의 모습을 바라보고 있노라면 나도 그와 비슷한 걸 보고 있는 듯하거든요."

"맞아요, 마틸데. 더 높은 세계는 우리가 보통 생각하는 것보다 훨씬 더 우리 곁에 가까이 있어요. 우리는 이미 이곳에서 그 세계 속에 살고 있는 것이지요. 우리는 그 세계가 지상의 자연과 아주 밀접하게 엮여 있는 것을 볼 수 있답니다."

"앞으로 내게 멋진 것들을 계시해 줄 거라 믿어요, 내 사랑."

"오, 마틸데. 예언의 선물은 당신을 통해서만 내게 전해져요. 내가 갖고 있는 것은 진실로 모두 당신 것이에요. 당신의 사랑은 나를 인생의 성소로, 마음속의 가장 성스러운 곳으로 인도해 주고 가장 지고한 직관으로 고무시키겠지요. 언젠가 우리의 사랑이 불꽃의 날개가 되어, 노령과 죽음이 우리를 찾아오기 전에 우리를 들어 올려 천상의 고향으로 데려다 줄 지 누가 알겠어요. 당신이 나의 사랑이 되었다는 것, 당신을 내 팔에 안고 있다는 것, 또 당신이 영원히 나의 사랑이 되고 싶어 한다는 것, 이 모든 것이 이미 기적이 아닐까요?"

"이젠 나도 그 모든 것을 믿을 수 있어요. 그래요, 내 속에서 조용히 불꽃이 타오르는 것을 뚜렷이 느껴요. 그 불꽃이 우리를 변용시켜 주고, 지상의 속박을 서서히 풀어 줄 거라는 확신이 들어요, 하인리히. 당신에게 갖는 이런 무한한 믿음을 당신도 내게 갖고 있는지 어서 말해 주세요. 지금까지 이와 같은 느낌을, 그토록 사랑하는 아버지에게서도 가져 본 적이 없어요."

"사랑하는 마틸데, 당신한테 모든 것을 바로 한꺼번에 다 말할 수 없어서, 또 한번에 나의 모든 마음을 당신에게 쏟아부을 수 없다는 것이 정말 고통스럽군요. 이렇게 솔직한 것도 내 인생에서 처음 있는 일이지요. 당신 앞에서는 어떤 생각이나 느낌도 숨길 수 없어요. 당신은 이 모든 것을 알고 있어야 해요. 나의 존재 전체는 당신과 함께하도록 되어 있어요. 한없는 헌신만이 나의 사랑을 만족시킬 수 있어요. 왜냐하면 사랑은 헌신 속에 존재하며, 사랑이야말로 우리의 가장 은밀하고 고유한 현존의 신비스러운 융합이거든요."

"하인리히, 여태껏 우리만큼 이렇게 사랑한 사람이 있었을까요."

"나도 그렇게 생각해요. 또 다른 마틸데는 없으니까요."

"하인리히도 그래요. 다른 하인리히는 없어요."

"아, 다시 한 번 맹세해 주오. 당신은 영원히 나의 것이라고. 사랑은 끝없는 반복이라고."

"그래요, 하인리히. 나는 영원히 영원히 당신 것이라고 맹세해요. 보이지 않지만, 곁에 와 계신 착한 우리 어머니를 두고요."

오랜 포옹과 무수한 키스가 이 축복 받은 남녀의 영원한 결합을 확인시켜 주었다.

9장

클링소르 동화

저녁에 손님이 몇 분 찾아왔다. 할아버지는 젊은 신랑 신부의 건강을 위해서 건배를 하고 곧 멋진 결혼식을 올려주겠다고 약속했다.

"오래 기다릴 필요가 뭐 있나?"

한 노인이 말했다.

"일찍 결혼해서 오래오래 사랑하는 거야. 나는 일찍 결혼하는 게 가장 행복하다는 걸 늘 보아 왔어. 나이가 들어 결혼 생활을 하면 젊었을 때 같은 경건한 마음은 찾아보기 힘들어져. 함께 보낸 젊은 시절은 깨뜨릴 수 없는 결속력을 주거든. 추억은 사랑의 가장 확실한 토대야."

식사가 끝난 뒤 손님이 몇 명 더 왔다. 하인리히는 새 아버지

에게 아까 약속한 것을 해 달라고 부탁했다. 클링소르가 그곳에
모인 사람들에게 청했다.

"오늘 나는 하인리히에게 동화를 하나 들려주겠다고 약속했
습니다. 여러분이 괜찮다면 지금 들려드리도록 하지요."

"하인리히, 정말 기발한 생각을 했구나."

슈바닝이 말했다.

"자네가 이야기를 들려주지 않은지 너무 오래 되었지."

모두들 활활 타는 난로 주변에 자리를 잡았다. 하인리히는
마틸데 곁에 바싹 붙어 앉아 한 팔로 그녀를 안았다. 클링소르
가 이야기를 시작했다.

이제 막 긴 밤이 시작되었다. 늙은 영웅[43]이 방패를 두드렸다.
그 소리는 도시의 황량한 골목으로 널리 울려 퍼졌다. 그는 방패
를 두드리는 신호를 세 번 반복했다. 그러자 궁전 높은 곳에 있
는 형형색색의 창문들이 안으로부터 환해지기 시작하고 창문
에 어리던 형상들이 꿈틀댔다. 골목을 비추기 시작한 붉은 불빛
이 밝아질수록 그 형상들은 더욱 생동감 있게 움직였다. 그리고
육중한 기둥들과 벽들이 스스로 서서히 밝아지는 게 보였다. 마
침내 그것들은 순수하게 연푸른 미광 속에 놓이고, 부드러운 색
깔들로 반짝였다. 이제 그 부근 전체가 뚜렷하게 보였다. 창문의
모습들이 반조反照되고 창과 칼, 방패, 투구 등의 소요가 일었다.
이 무기들은 여기저기 나타나는 왕관들을 향해 사방에서 인사

를 했다. 그러다 마침내 그것들은 왕관들과 함께 사라지며 소박한 초록색 화관에 자리를 양보하더니, 그 주위를 빙 둘러 넓은 원으로 둘러쌌다. 이 모든 것이 호수 위에 그대로 비쳤다. 호수가 산을 에워싸고 있었고, 그 산 위에 도시가 자리잡고 있었던 것이다. 호수 주변을 둥글게 둘러싼, 멀리 떨어져 있는 높은 산등성이들 역시 온화한 자취를 남기며 호수 한가운데까지 뻗어 있었다. 아무것도 뚜렷하게 구분할 수 없었다. 하지만 멀리서 엄청나게 큰 작업장에서 들리는 것 같은 놀라운 굉음이 들려왔다. 이에 반해 도시는 밝고 뚜렷하게 보였다. 도시의 매끈하고 투명한 벽들이 아름다운 빛을 반사했다. 그리고 건물들의 뛰어난 균형미와 고상한 양식, 아름다운 배치가 확연해졌다. 모든 창문 앞에는 점토로 만든 우아한 꽃병이 놓여 있었는데, 꽃병에는 화려하게 반짝이는 다양한 얼음꽃과 눈꽃이 가득했다.

그중 두드러지게 훌륭해 보이는 것은 궁전 앞의 큰 광장에 있는 정원[44]이었다. 그 정원은 금속 나무[45]들과 수정水晶 식물[46]들로 이루어져 있고 온통 다채로운 보석 꽃과 열매로 뒤덮여 있었다. 형상들의 다채로움과 우아함, 또 빛과 색깔의 생동감은 훌륭한 구경거리를 제공해 주었는데, 정원 가운데 위치한 얼어붙은 높은 분수가 그 화려함을 완성시키고 있었다. 늙은 영웅이 궁전의 문 앞을 천천히 지나갔다. 누군가 안에서 그의 이름을 불렀다. 그가 문에 기대자, 부드러운 소리를 내면서 문이 열렸다. 그는 홀 안으로 들어가, 방패를 눈앞에 오도록 붙잡고 섰다.

"아직 아무것도 찾아내지 못했나요?"

아르크투르[47]의 아름다운 딸[48]이 슬픈 목소리로 말했다. 그녀는 커다란 유황 수정[49]으로 정교하게 만들어진 왕좌의 비단 방석 위에 누워 있었다. 몇몇 시녀들이 우유색과 자색이 섞여 있는 듯한 그녀의 부드러운 팔과 다리를 열심히 문지르고 있었다.[50] 시녀들의 손 아래 놓인 그녀의 몸에서 매력적인 빛살이 사방으로 쏟아져 나와 궁전을 신비스럽게 밝혀 주었다. 향기로운 바람이 홀 안에 불었다. 영웅은 아무 말도 하지 않았다.

"당신의 방패를 한번 만지게 해 줘요."

그녀가 상냥한 목소리로 말했다. 영웅은 왕좌를 향해 다가가, 값비싼 양탄자 위로 발을 들여놓았다. 그녀는 그의 손을 잡아 상냥하게 자신의 성스러운 가슴에 갖다 대고 방패를 어루만졌다. 그의 갑옷이 철커덕 소리를 내자 강렬한 힘이 그의 몸에 생기를 불어넣었다. 두 눈은 번뜩였고, 그의 심장은 소리가 들릴 정도로 갑옷 속에서 두근거렸다. 아름다운 프레이야는 기분이 훨씬 좋아진 것 같았다. 그녀에게서 흘러나오는 빛이 더욱더 밝게 타올랐다.

"임금님이 오십니다."

왕좌의 뒤쪽에 앉아 있던 화려한 새가 소리쳤다. 시녀들은 공주에게 하늘색 이불을 덮어 주고, 그녀는 이불을 끌어당겨 가슴 위까지 덮었다. 영웅은 방패를 내리고 둥근 천장 쪽을 올려다보았다. 넓은 계단 두 개가 홀의 양쪽에서 천장을 향해 나선

형으로 나 있었다. 조용한 음악이 왕의 행차에 앞서고, 곧 수많은 시종을 거느린 왕이 둥근 천장에서 나타나더니 계단을 따라 걸어 내려왔다.

아름다운 새[51]가 활짝 펼친 반짝이는 날개를 부드럽게 흔들며 왕을 향해 마치 수많은 목소리로 부르듯이 노래를 불렀다.

> 머지않아 멋진 이방인이 찾아오리.
> 따뜻함이 다가오고, 영원이 시작되리.
> 호수와 육지가 사랑의 불길 속에 한 몸이 되면.
> 여왕[52]은 긴 꿈에서 깨어나리.
> 파벨이 비로소 옛날의 권리를 획득하는 날,
> 차가운 밤이 이곳을 비우리라.
> 세상이 프레이야의 품에서 깨어나고
> 모든 동경은 그녀의 동경을 찾으리라.

왕은 다정하게 딸을 얼싸안았다. 별의 정령들이 왕좌 주위에 서고, 영웅도 그 대열 속에 자리를 잡았다. 무수한 별들이 우아하게 무리를 지어 홀을 차지했다. 시녀들은 탁자와 작은 상자 하나를 들고 왔다. 상자 안에는 현란한 별자리들로 짜인 성스럽고 심오한 상징들이 그려진 수많은 카드가 들어 있었다. 왕은 카드에 공손하게 입을 맞추고서 그것들을 조심스럽게 섞은 다음 그중 몇 장을 딸에게 건네주었다. 그리고 나머지는 자신이 가졌다. 공주가 카드를 한 장씩 뽑아서 테이블에 펼쳐 놓으면 왕은 자신의 카드들을 유심히 살펴보고, 한 장을 뽑아 들고는 그 옆에 펼쳐 놓기 전에 한참을 숙고했다. 가끔 어쩔 수 없이 이 카드 저 카드를 뽑는 것처럼 보였다. 그러나 카드를 잘 뽑아서 멋진 상징과 형상이 근사하게 조화를 이룰 때면 왕의 얼굴에 기쁜 표정이 어렸다.

게임이 시작되자, 모든 구경꾼의 얼굴에는 참여하는 것 같은 활기찬 기색이 돌았고 마치 보이지 않는 연장을 양손에 들고 열심히 일하는 것 같은 기이한 동작과 몸짓을 보였다. 동시에 부드러우면서도 깊이 감동을 주는 음악 소리가 공중에서 들렸는데, 그 소리는 홀 안에 기묘하게 서로 뒤섞여 있는 별들과 그 밖의 진기한 움직임에서 생겨나는 것 같았다. 별들이 계속해서 대열의 형태를 바꾸어 때로는 느리게 때로는 빠르게 홀 안을 떠돌며, 음악의 흐름에 따라 카드에 그려진 별자리를 절묘하게 모방했다.

음악도 테이블 위에 펼쳐지는 그림들처럼 끊임없이 바뀌었다. 카드들의 변화가 가끔 놀랍고도 난해했지만, 한 가지 테마가 전체를 결합해 주는 것 같았다. 별들은 믿을 수 없을 정도로 가벼운 몸놀림으로 카드의 그림에 따라 날아다녔다. 별들은 때로는 커다란 한 덩어리로 짜맞추어졌다가, 때로는 다시 하나하나 덩어리로 아름답게 정렬되는가 하면, 그러더니 또 때로는 한 줄기 광선처럼 긴 불꽃 행렬로 흩어졌다가, 때로는 작은 원형과 모형을 이루어 다시 점점 커지더니 크고 굉장한 모습으로 나타났다.

그러는 동안 형형색색의 창문 형상들은 가만히 서 있었다. 새는 값비싼 의복 같은 깃털을 다양한 방법으로 끊임없이 움직였다. 늙은 영웅도 그때까지 나름대로 보이지 않는 업무에 종사하느라 여념이 없었다. 그때 갑자기 왕이 기쁨에 가득 차서 이렇게 소리쳤다.

"모든 일이 다 잘될 거야. 아이젠이여, 세상을 향해 너의 칼을 던져라. 평화가 어디에 있는지 사람들이 알 수 있도록."

영웅은 허리춤에 차고 있던 칼을 뽑아 그 끝이 하늘을 향하도록 했다가 다시 움켜쥐고서 열려 있는 창문 밖으로 보이는 도시와 얼음 호수 위로 힘차게 던졌다. 그의 칼은 유성처럼 대기를 뚫고 날아가서, 건너편의 높은 산등성이 어딘가에 부딪히더니 맑은 소리를 내면서 부서지는 것 같았다. 왜냐하면 칼이 현란한 불꽃을 내며 떨어졌기 때문이다.

같은 때에 아름다운 소년 에로스[53]는 요람에 누워 편안하게 잠들어 있었다. 유모인 기니스탄[54]은 요람을 흔들면서 에로스의 젖형제인 파벨[55]에게 젖을 먹이고 있었다. 그녀는 서기書記[56]가 자기 앞에 놓아 둔 등불의 밝은 불빛으로 인해 아이가 불안해 하지 않도록 알록달록한 숄을 요람 위에 펼쳐 놓았다. 서기는 쉬지 않고 글을 쓰다가 가끔씩 무뚝뚝하게 아이들 쪽을 돌아다보고는 그들을 향해 착한 미소를 지어 보이고, 아무 말도 하지 않는 유모에게 찌푸린 표정을 지었다.

아이들의 아버지[57]는 줄곧 들락날락했다. 그때마다 아이들을 유심히 살폈고 기니스탄에게는 다정하게 인사했다. 그는 끊임없이 서기한테 뭔가 말을 전했다. 서기는 그의 말을 충분하게 듣고, 그것을 다 기록한 뒤에는 내용이 적힌 종이들을 제단에 기대어 있는 고상하고 신성한 한 여인[58]에게 건네주었다. 제단 위에는 맑은 물이 담긴 검은 접시가 놓여 있었고 그녀는 밝은 미소를 띠면서 그 안을 들여다보았다. 매번 그녀는 종이들을 물에 담갔다가, 그것을 다시 꺼내 글씨 몇 개가 그대로 남아 반짝이는 것을 발견하면 서기에게 그 종이를 돌려주었다. 그러면 서기는 그 종이를 큰 책에 묶었다. 그러나 그는 종이 위에 적힌 글씨가 다 지워져 버려 자신의 노력이 모두 수포로 돌아가고 그러면 종종 짜증을 내는 것 같았다.

그 여인은 가끔 기니스탄과 아이들 쪽으로 돌아서서 그릇 속에 손가락을 담가 맑은 물 몇 방울을 그들을 향해 뿌렸다. 그 맑은 물방울들은 유모와 아이 그리고 요람에 닿자마자, 수많은 독특한 그림들을 보여 주었으며, 끊임없이 그 그림 주변으로 이동했다가 변화하는 푸른 연기로 소실됐다. 그중 한 방울이 우연히 서기한테 가서 떨어지면, 수많은 숫자와 기하학적 형상[59]이 쏟아졌는데, 그는 그것들을 열심히 실에다 꿰어서 장식용으로 자신의 야윈 목에 걸었다.

우아함과 매력의 현신처럼 보이는 소년의 어머니[60]도 자주 방에 들어왔다. 그녀는 늘 바빠 보였다. 언제나 어떤 살림살이 하나를 들고 나갔다. 의심스럽고 염탐하는 시선으로 그녀를 뒤쫓던 서기가 그것을 알아채고 아무도 들어주지 않는 긴 훈시를 시작했다. 모두들 그의 쓸데없는 훈시에 익숙해진 것 같았다. 어머니는 잠시 어린 파벨에게 젖을 주었다. 그러나 그녀는 곧 다시 바깥으로 불려 나갔고, 기니스탄은 아이를 되돌려 받았다. 아이는 유모의 젖을 빠는 것을 더 좋아하는 것처럼 보였다.

아버지가 갑자기 마당에서 주운 연한 쇠[6]막대기를 들고 들어왔다. 가만히 주시하던 서기가 그것을 활기차게 빙빙 돌려 보았다. 곧 그 쇠막대기의 중간에 실을 매달아 놓으면 막대기가 저절로 북쪽을 가리킨다는 사실을 밝혀냈다. 기니스탄도 그 쇠막대기를 손에 들고 휘어 보고 눌러 보고 입김도 불어 보고, 또 그것을 갑자기 제 꼬리를 물어뜯는 뱀의 형상으로 만들어 보였다. 서기는 곧 그것을 들여다보는 일이 지루해져서 모든 것을 자세히 기록하기 시작했다. 그는 이번 발견이 가져다 줄 유용함에 대해 장황하게 늘어놓았다. 그러나 그가 기록한 글이 모두 시험을 이겨내지 못하고 접시에서 하얗게 변해 버렸을 때 그는 정말 화가 났다.

유모는 놀이를 계속했다. 우연히 뱀으로 요람을 건드렸다. 그러자 에로스가 깨어나기 시작했다. 그는 이불을 걷어차 버리고 한 손은 불빛을 향해, 다른 한 손은 뱀을 향해 뻗었다. 뱀을 손에 쥐자, 그는 요람에서 힘차게 튀어나왔다. 기니스탄은 깜짝 놀랐고, 서기 역시 경악하여 하마터면 의자에서 굴러떨어질 뻔했다. 아이는 벌거벗은 채 긴 금빛 머리카락만을 몸에 늘어뜨리고 서서는, 형언할 수 없이 기쁜 표정으로 뱀을 들여다보았다. 그것은 에로스의 손에서 북쪽을 가리켰고, 그의 내부에서 그를 힘차게 움직이게 하는 것 같았다. 그는 눈에 띄게 자라났다.

"소피."

에로스가 애처로운 목소리로 그녀에게 말했다.

"접시의 물을 마시게 해 주세요."

그녀는 주저하지 않고 그에게 접시를 건네주었다. 그는 쉬지 않고 물을 마셨는데, 아무리 마셔도 접시가 가득 차올랐다. 마침내 그는 접시를 되돌려 주고, 그 고상한 여인을 껴안았다. 그러고나서 기니스탄을 어루만지면서 그녀에게 화려한 숄을 달라고 부탁했다. 그는 그것을 받아서 허리에다 단정하게 두르고는 어린 파벨을 팔에 안았다. 파벨은 그를 무척 좋아하는 것 같았고, 더듬거리면서 말을 하기 시작했다. 기니스탄은 그의 주변에서 바쁘게 일하는 척했는데 그런 그녀는 매력적이면서도 분별없어 보였다. 그녀는 다정한 신부新婦처럼 에로스를 끌어당겨 가슴에 안았다. 그녀는 내밀하게 속삭이며 그를 침실 문으로 이끌었다. 그러나 소피가 진지하게 손짓을 하며 뱀을 가리켰다. 그때 어머니가 들어오고, 그는 바로 달려가 뜨겁게 눈물을 흘리며 그녀를 맞았다. 서기는 화를 내면서 나가버렸다.

아버지가 들어왔다. 어머니와 아들이 조용히 포옹하고 있는 것을 본 그는 그들 등 뒤에 있는 매력적인 기니스탄에게로 가서 그녀를 애무했다. 소피는 계단을 따라 올라갔다. 어린 파벨은 서기의 펜을 들고서 쓰기 시작했다. 어머니와 아들은 조용히 깊은 대화를 나누었다. 그리고 아버지는 기니스탄과 함께 방 안으로 사라졌다. 그녀의 품에서 그날의 업무에서 벗어나 휴식을 취하기 위해서였다. 한참이 지나서 소피가 돌아왔다. 서기도 들어왔다. 아버지는 침실에서 나와 다시 일을 보러 갔다. 기니스탄은 붉게 상기된 얼굴로 돌아왔다. 서기는 심한 욕설과 함께 어린 파벨을 자신의 자리에서 쫓아냈다. 그는 한참 시간을 들여 물건들을 정리했다. 그런 다음 파벨이 잔뜩 써 놓은 종이들을 소피에게 건네주고, 그것들을 깨끗하게 지워진 채로 돌려받겠거니 여겼다. 그러나 소피가 접시에서 꺼낸 글씨가 완전하게 반짝이고 손상되지 않은 채 그에게 전달되자, 그는 곧 분노에 휩싸였다. 파벨은 어머니 기니스탄에게 매달렸다. 기니스탄은 그녀를 품에 안고, 방을 청소하고 창문들을 열어 신선한 바람이 들어오게 하고 맛 좋은 저녁을 만들었다.

창문 너머로 멋진 풍경과 파란 하늘이 지상 위로 펼쳐져 있었다. 마당에서 아버지는 무척 바빴다. 일을 하다 지치면 창문을 올려다보았다. 그곳에 기니스탄이 서 있다가 온갖 맛있는 것들을 던져 주었다. 어머니와 아들은 밖으로 나가서 어떤 일이건 서로 도우면서 그들이 내린 결심을 실행할 준비를 했다. 서기는 계속해서 펜을 놀리다가, 기억력이 뛰어나서 일어난 모든 일을 기억하는 기니스탄에게 뭔가 물어봐야 할 상황이 되면 인상을 찌푸렸다.

에로스는 허리에 화려한 숄을 마치 장식 띠처럼 매고 멋진 갑옷을 입고 곧 돌아왔다. 그는 여행을 언제 어떻게 시작해야 할지 소피에게 조언을 구했다. 서기는 주제넘게 당장 세세한 여행 계획에 도움이 되고 싶어 했지만 다들 그의 제안을 흘려들었다.

"넌 지금이라도 당장 여행을 떠날 수 있어. 기니스탄이 너를 안내할 게다."

소피가 말했다.

"기니스탄은 그 길을 잘 알고 있을 뿐만 아니라 모르는 곳이 없단다. 그녀는 네 어머니의 모습[62]을 하고 있게 될 거다. 그녀가 너를 유혹하지 않도록 해야 할 테니까. 왕을 만나게 되면, 날 생각하도록 해. 그러면 내가 널 도우러 달려갈 테니까."

기니스탄은 어머니와 모습을 바꾸었다. 아버지는 그것에 대해 매우 만족해하는 것 같았다. 서기는 두 사람이 떠나는 데다가, 특히 작별에 즈음해서 기니스탄이 집안 내력이 상세하게 적혀 있는 수첩을 주었기 때문에 기분이 좋았다. 어린 파벨만이 그에게 눈엣가시로 남았다. 그는 자신의 안정과 만족을 위해 어린 파벨 역시 여행을 떠나는 사람들에 포함되는 것 외에 다른 것은 더 이상 바라지도 않았으리라. 소피는 그녀 앞에 무릎을 꿇은 에로스와 기니스탄에게 축복의 말을 해 주었다. 그리고 그들에게 가지고 가라고 접시에 있는 물을 용기에 가득 채워 주었다.

어머니는 걱정이 많았다. 어린 파벨도 같이 가고 싶어 하는 데다가, 아버지는 집 밖에서 하는 일이 많아서 그들의 출발에 적극적으로 관여할 수 없었다. 그들이 출발했을 때는 밤이었고, 달이 하늘에 높이 떠 있었다.

"사랑하는 에로스."

기니스탄이 말했다.

"나의 아버지에게 가려면 어서 서둘러야 해. 아버지는 오랫동안 나를 보지 못하셨지. 그래서 이 세상 곳곳에서 그리움에 사무쳐서 나를 찾으셨어. 슬픔으로 주름진 그분의 창백한 얼굴을 보게 되면 낯선 모습을 한 나를 그분에게 증언해 주렴."

> 사랑[63]은 캄캄한 길을 걸어가야 했네,
> 오로지 달빛만이 비추고 있지,
> 저승은 열려 있고
> 그것은 아주 특이하게 장식되어 있었네.
>
> 한 줄기 푸른 연기가 사랑을
> 황금빛 테로 에워쌌네,
> 상상력이 사랑을 이끌어
> 강과 들녘을 서둘러 누볐네.

사랑의 풍만한 가슴은
놀라운 용기로 더욱 부풀어 올랐네.
앞으로 다가올 기쁨의 예감이
타오르는 불꽃을 알려주었을 테니.

동경[64]은 한탄만 할 뿐, 사랑이
다가오고 있음을 알지 못했네.
동경의 얼굴에는 희망 없는
고통만이 더 깊이 새겨졌네.

작은 뱀은 끝까지 신의를 지켜.
북쪽만을 가리키고,
그래서 두 사람은 아무 걱정 없이
이 아름다운 안내자의 뒤만 따라갔네.

사랑은 황야를 지나
또 구름 나라를 누비며 갔네,
이윽고 달의 정원에 들어섰네,
달이 낳은 딸의 손을 잡고서.

달은 은빛 왕좌에 앉아 있었네,
홀로 시름에 잠겨.
그때 그는 딸의 목소리를 들었네.
그리고 그녀의 팔에 안겼네.

아버지와 딸, 두 사람이 사랑스럽게 포옹을 하는 그 자리에 에로스는 감동을 받고 서 있었다. 충격에 빠진 늙은 왕은 마침내 마음을 가라앉히고 손님을 환영했다. 왕은 커다란 뿔피리를 집어 들고는 힘껏 불었다. 강하게 부는 소리가 태고의 성채를 뚫는 듯 했다. 반짝이는 매듭 모양의 장식이 달린 뾰족한 탑들과 낮고 검은 지붕들이 흔들렸다. 그러나 성채는 흔들리지 않았다. 성채는 호수 건너편 산 위에 옮겨져 있었기 때문이다. 사방에서 왕의 시종들이 우루루 몰려왔다. 기니스탄은 그들의 기이한 모습과 옷 모양새를 보고 무척 즐거워했고 용감한 에로스도 전혀 놀라지 않았다. 기니스탄은 그녀의 오랜 지인知人[65]들에게 인사했다. 모두들 새로운 활력으로, 또 그들의 웅장하고 화려한 본성을 보이며 그녀 앞에 나타났다.

소란스러운 밀물 다음엔 잔잔한 썰물이 뒤따르고, 늙은 허리케인들은 뜨겁고 열정적인 지진의 두근대는 가슴 위에 누웠다. 점잖은 소나기는 알록달록한 무지개를 두리번거리며 찾고, 무지개는 자기를 좋아하는 태양에서 멀리 떨어진 채 창백하게 서 있었다. 격렬한 천둥은 수천의 매력적인 자태로 서서 불같은 젊은이들을 유혹하는 무수한 구름들 뒤에서 번개들의 우둔함을 꾸짖었다. 사랑스러운 두 자매인 아침과 저녁은 무척 기뻐하며 새로 온 두 손님을 얼싸안고 눈물을 흘렸다. 이 기이한 궁전의 멋진 광경은 말로 다 표현할 수가 없었다.

늙은 왕은 딸의 얼굴을 아무리 바라보아도 싫증이 나지 않았다. 아버지의 성에 와 있으니 그녀는 열 배는 더 행복했다. 그리고 낯익은 경이롭고 진귀한 것들을 아무리 구경해도 피곤함을 느끼지 않았다. 왕이 자신의 보물 창고 열쇠를 주면서 그 안에서 그만 하고 싶을 때까지 오랫동안 에로스를 즐겁게 해 줄 연극 한 편을 보여 주어도 좋다고 했을 때 그녀의 기쁨은 말로 다할 수가 없었다.

보물 창고[66]는 커다란 정원이었다. 그 다채로움과 풍요로움은 여간해서는 말로 표현할 수가 없었다. 날씨를 알려 주는 거대한 나무들[67] 사이로는 놀라운 건축 양식의 누각들이 헤아릴 수 없이 많이 떠 있었는데, 그중 하나는 특히 더 훌륭했다. 은처럼 희거나 황금빛 또는 장밋빛 털을 지닌 어린 양의 큰 무리들이 이리저리 헤매고 다니고, 야릇하게 생긴 짐승들이 작은 숲에 생기를 불어넣어 주고 있었고, 여기저기에는 기묘한 형상들이 서 있었고, 축제의 행렬과 도처에 나타나는 특이한 수레들이 끊임없이 주의를 끌었다. 꽃밭은 다채로운 꽃들로 가득했다. 건물마다에는 온갖 무기와 아름다운 양탄자와 벽지, 커튼, 술잔을 비롯한 모든 유형의 집기와 연장이 가득 쌓여 있었다.

언덕에 올랐을 때[68] 그들은 한 낭만적인 풍경을 마주했다. 그 풍경은 온통 도시와 성곽, 사원과 무덤들로 뒤덮여 있었다. 그래서 사람들이 살고 있는 평원의 모든 아름다움이 사막과 험준한 산악 지대의 적막한 매력과 조화를 이루었다. 아름다운 색채들이 가장 적절하게 조합되었다. 산꼭대기들은 얼음과 눈으로 살

9장 블링스르 동화 **191**

짝 덮여 꽃불처럼 반짝였다. 평원은 신선한 녹색 속에 밝게 빛났으며 멀리 보이는 풍경은 온갖 변화를 보이는 파란빛으로 장식되어 있었다. 검은빛 바다 위, 수많은 함대에서는 셀 수 없이 많은 알록달록한 삼각 깃발들이 나부꼈다.

여기서는 그 배경에 난파당한 배가, 그 앞쪽에는 소박하고 즐겁게 식사하는 마을 사람들이 보였다. 저쪽에서는 끔찍스러우면서도 아름다운 화산의 분출과 지진의 참화가, 그리고 이쪽 나무 그늘 아래서는 달콤하게 서로를 애무하는 한 쌍의 연인이 보였다. 아래 쪽에서는 끔찍한 전투가 벌어지고 있고, 그 앞에서는 우스꽝스럽기 짝이 없는 가면극이 펼쳐졌다. 다른 쪽 한 옆에는 절망에 빠진 여인이 움켜잡고 있는 관대 위에 한 젊은이의 시신이 놓여 있었고, 옆에서는 부모들이 울고 있었다. 그 멀리에는 다정한 한 어머니가 아이에게 젖을 물리고 있었고, 천사들이 그들의 머리 위에 있는 나뭇가지 사이로 아래를 내려다보고 있었다.

장면들은 끊임없이 바뀌었다. 그러다가 마침내 하나의 신비스럽고 웅장한 연극으로 완성되었다. 하늘과 땅은 혼돈에 빠지고, 온갖 공포가 갑자기 터져나왔다. 우렁찬 목소리가 무기를 잡으라고 외치자, 소름 끼치는 해골 군대가 검은 깃발과 함께 시커먼 산등성이에서 마치 폭풍처럼 몰려 내려왔다. 이것들이 밝은 평원에서 침략 따위는 예상하지 못한 채 젊은 무리와 함께 즐겁게 잔치를 벌이고 있던 생명체를 공격했다. 끔찍한 소란이 일어나고, 땅이 부르르 떨렸다. 폭풍우가 일고, 소름 끼치는 유성들이 밤을 밝혔다. 유령의 군대는 전례 없이 잔인하게 살아 있는 사람들의 연약한 사지를 찢었다. 화형을 준비하는 장작더미가 점점 더 높이 쌓이고, 화염이 끔찍하게 울부짖는 생명의 자식들을 삼켜버렸다. 그때 갑자기 시커먼 잿더미에서 우윳빛 강물이 사방으로 터져 나왔다. 강물은 자꾸만 불어나 도망치려는 그 가증스러운 유령의 무리를 삼켜버렸다. 모든 공포는 곧 제거되었다. 하늘과 땅은 달콤한 음악에 녹아들었다. 잔잔한 물결 위에는 아름다운 꽃 한 송이가 반짝이며 떠돌았다. 화려한 무지개가 물 위에 모습을 드러냈다. 무지개의 가장 높은곳의 화려한 왕좌에 신성한 형상들이 앉아 있었는데 그중 가장 높은 곳에 소피가 손에는 접시를 들고서 한 멋진 남자 옆에 앉아 있었다. 그 남자는 곱슬머리에 떡갈나무 화환을 쓰고 오른손에는 왕홀을 대신해 평화의 종려나무를 들고 있었다. 물 위를 떠나니는 꽃의 꽃받침에 둥근 백합 잎사귀 하나가 놓여 있었는데, 어린 파벨이 그곳에 앉아 하프 소리에 맞추어 달콤한 노래를 부르고 있었다. 꽃받침 안에는 에로스 자신이 누워서, 잠들어 있는 한 소녀 위로 몸을 구부리고 있는 것이 아닌가. 소녀는 양팔로 그를 꼭 끌어안고 있었다. 보다 작은 꽃이 그들을 감싼 채 잎을 오므리고 있어서 그들은 허리에서부터 한 송이 꽃으로 바뀐 것처럼 보였다.

　에로스는 환희에 차서 기니스탄에게 감사 인사를 했다. 그는 그녀를 다정하게 껴안았고, 그녀는 그의 애무에 기꺼이 응했다. 여행의 고단함과 직접 경험한 다양한 일들 때문에 피곤했던 터라 그는 편안하게 쉬고 싶었다. 이 아름다운 젊은이가 자신에게 푹 빠져 있는 것을 눈치 챈 기니스탄은 소피가 그에게 가져가라고 준 물에 대해 말하는 것을 삼갔다. 그녀는 에로스를 한 외진 목욕탕으로 데리고 가서 갑옷을 벗기고, 자기도 잠옷으로 갈아입었다. 잠옷을 입은 그녀는 낯설고 매력적으로 보였다. 에로스는 위험한 물결 속에 몸을 담갔다가 취한 채로 다시 올라왔다. 기니스탄은 그의 몸을 말려 주면서 젊음의 혈기로 팽팽해진 탄탄한 사지를 문질러 주었다. 그는 불타오르는 갈망으로 자신의 애인을 생각하며 달콤한 상상 속에서 매력적인 기니스탄을 포옹했다. 아무 걱정 없이 격한 사랑의 감정에 몸을 맡겼다. 육욕의 쾌락을 즐긴 뒤에 그는 마침내 그녀의 매력적인 가슴에서 잠이 들었다.

그동안에 집에서는 참담한 변화가 일어났다. 서기가 집안의 하인들을 위험스러운 모반에 연루시킨 것이다. 적의에 찬 그의 마음은 오래전부터 집안의 권력을 차지하고 자신의 굴레를 벗어날 기회를 노리고 있었다. 마침내 기회를 포착하고, 제일 먼저 서기의 추종자들은 에로스의 어머니를 덮쳐 쇠사슬에 채웠다. 아버지도 마찬가지로 물과 빵만을 주면서 묶어 놓았다. 어린 파벨은 방에서 시끄러운 소리가 나자 제단 뒤로 기어갔다. 그 뒤쪽에 문이 하나 숨겨져 있는 것을 알아차리고 민첩하게 문을 열었다. 계단이 아래로 나 있었다. 그는 문을 닫고 통과한 뒤 어두운 가운데 계단을 따라 내려갔다. 서기는 어린 파벨에게 복수를 하고 소피를 체포할 생각으로 거칠고 사납게 방 안으로 뛰어 들어왔다. 그러나 두 사람은 보이지 않았다. 접시 역시 없었다. 그는 분해서 제단을 조각조각 부수어 버렸지만 비밀 계단은 발견하지 못했다.

어린 파벨은 한동안 내려갔다. 마침내 밖으로 나오게 되었는데 그곳은 탁 트인 광장이었다. 그 주위는 웅장한 기둥들로 장식되어 있고, 우람한 문에 의해 바깥과 차단되어 있었다. 모든 형상이 어두웠다. 대기는 거대한 그림자 같고, 하늘에는 검고 빛을 내는 물체가 놓여 있었다. 모든 것은 분명하게 구별되었다. 모든 형체는 제각각 다른 색조의 검은색을 보이고 그 뒤편으로 밝은 빛을 던지고 있었기 때문이다. 이곳에서는 빛과 그림자가 역할을 바꾼 것 같았다. 파벨은 새로운 세계에 온 것이 기뻤고, 모든 것을 아이 같은 호기심으로 쳐다보았다. 마침내 우람한 문이 있는 곳까지 다다랐다. 그 문 앞에는 아름다운 스핑크스가 육중한 받침대 위에 앉아 있었다.

"무엇을 찾고 있느냐?"

스핑크스가 물었다.

"잃어버린 게 있어서요."

파벨이 답했다.

"넌 어디에서 왔느냐?"

"까마득한 옛날에서요."

"그런데도 넌 아직 어린애구나."

"난 영원히 어린애로 남게 될 거예요."

"누가 너를 돌보아 주고 있느냐?"

"난 나 스스로의 힘으로 살아요. 내 자매[69]들은 어디 있지요?" 파벨이 물었다.

"어디에도 있고 어디에도 없단다."

스핑크스가 대답했다."

"당신은 저를 아시나요?"

"아직 모른단다."

"사랑은 어디에 있지요?"

"상상 속에 있지."

"그렇다면 소피는요?"

스핑크스는 알아들을 수 없는 말을 혼자 중얼거리더니 날개를 퍼덕였다.

"소피는 사랑이지."

파벨은 승리감을 느끼며 소리치고서 그 육중한 문을 통과했다. 그녀는 어마어마하게 큰 동굴 안으로 들어섰다. 그러고는 즐거워하며 늙은 자매들[70]에게 갔다. 그들은 등불이 검게 타고 있는 어두운 밤에 그들만의 진귀한 작업을 하고 있었다. 그들은 어린 손님을 보지 못한 것처럼 행동했다. 그 어린 손님이 그들을 사랑스럽게 차례차례 어루만지며 바삐 움직이자 마침내 그들 중 하나가 얕잡아 보면서 쉰 목소리로 거칠게 물었다.

"여기서 무엇을 하고 있는 거냐. 이 게으름뱅이야? 누가 널 들여보낸 거야? 네가 정신 사납게 뛰어다녀서 조용한 불꽃이 흔들리잖니. 쓸데없이 기름만 닳게 하고. 아무것도 하지 말고 좀 가만히 있을 수 없겠니?"

"예쁜 언니들."

파벨이 말했다.

"난 게으름 따위와는 거리가 멀어요. 문지기가 우스워서 혼났어요. 그녀는 날 한번 안아 보고 싶었을 테지만, 일어서지도 못하는 걸 보니 뭘 너무 많이 먹은 게 분명해요. 날 여기 문 앞에 앉아 물레질을 하게 해 줘요. 이곳에선 눈이 잘 보이질 않거든요. 물레질을 할 때 내가 노래를 부르고 수다를 떨더라도 내버려 두어야 해요. 그렇게 되면 깊은 사색을 하는 언니들이 방해를 받을 수도 있겠지만요."

"넌 밖으로 나갈 수는 없어. 그렇지만 옆방에는 바위 틈새로 지상계의 햇살이 스며들지. 네가 그렇게 민첩하면 그곳에서 물레질을 해 보려무나. 이곳엔 낡은 자투리들이 엄청나게 쌓여 있어. 그것들을 풀어 봐. 그렇지만 조심해. 만약에 빈둥거리거나, 실이 끊어지면 실올들이 너를 감아서 질식시켜 죽일 테니까."

노파는 음험하게 웃으며 물레질을 계속했다. 파벨은 실타래를 한 아름 모아 실패와 굴대를 들고서 흥얼대며 방으로 깡총깡총 뛰어갔다. 그녀가 그 갈라진 틈새로 올려다 본 하늘에 불사조의 별자리[7]가 보였다. 행운의 징조라고 기뻐하면서 즐겁게

물레질을 시작했다. 파벨은 문을 조금 열어 놓고서 나지막하게
노래했다.

당신들의 방에서 깨어나라[72]
옛 시간의 자식들이여.
당신들의 잠자리를 떠나라,
아침이 멀지 않았으니.

나는 당신들의 실을
한 가닥 실로 엮어 잣는다.
반목의 시대는 끝났으니
당신들은 한 가지 삶을 살아야 하리라.

개체는 전체 속에 살고.
전체는 개체 속에 살리라.
단 하나의 삶의 입김을 따라
심장이 당신들 안에서 물결치리라.

당신 아직은 영혼에 지나지 않지만,
단지 꿈과 마법일 뿐이니.
두려워도 동굴로 가야하네
가서 그 성스러운 세 여인[73]을 놀려 보라.

실패가 파벨의 조그만 발 사이에서 믿을 수 없을 정도로 민
첩하게 흔들리며 움직이고, 그 사이에 파벨은 두 손으로 섬세하

게 실을 꼬았다. 파벨이 노래를 부르는 동안 수없이 많은 발광체들[74]이 나타났다. 그 불빛들은 문틈으로 미끄러지듯 빠져나가며 끔찍한 요괴의 모습으로 동굴에 퍼졌다. 노파들은 어린 파벨의 비참한 절규를 기다리며 심술궂은 표정으로 계속해서 물레질을 하고 있었다. 그런데 갑자기 끔찍하게 생긴 코 하나가 어깨 너머로 그들을 들여다보는 것 같아 사방을 둘러보니 동굴 전체가 온갖 비행을 저지르는 혐오스러운 형상들로 꽉 차 있었다. 소스라치게 놀란 노파들은 서로 부딪치며, 끔찍한 목소리로 소리를 질러댔다. 바로 그 순간 알라우네 뿌리[75]를 손에 든 서기가 동굴 안으로 들어오지 않았더라면, 그들은 너무나 놀라서 돌이 되어 버렸을 것이다. 미광들이 바위틈으로 살살 기어들어 오자 동굴이 환해졌다. 소동 중에 검은 램프가 넘어져 꺼져버린 것이다.

노파들은 서기가 오는 소리를 듣고 기뻤지만 어린 파벨에 대해서는 엄청나게 화를 냈다. 파벨을 불러 내 호되게 꾸짖고는 더 이상 물레질을 못 하게 했다. 서기는 교활하게 비웃었다. 이제 드디어 어린 파벨을 마음대로 할 수 있게 됐다고 믿었기 때문이다. 서기가 이죽거렸다.

"네가 이곳에 와서 이런 일을 하도록 독려받다니 정말 잘 됐구나. 벌도 빠뜨리지 않고 꼭 많이 받기를 바란다. 네 훌륭한 정신이 너를 이곳으로 이끈 게야. 오래 살면서 많이 즐기길 바라마."

"당신의 호의에 감사드려요."

파벨이 말했다.

"당신이 그동안 잘 지냈다는 것을 알 수 있겠군요. 이제 당신에게 필요한 것은 모래시계와 작은 낫이네요. 그러면 당신은 여기 멋진 언니들의 남동생처럼 보이겠어요. 깃펜에 쓸 촉이 필요하거든 그들의 뺨에서 부드러운 털을 한 움큼 뽑아서 쓰면 충분하겠네요."

서기가 파벨에게 달려들 기세였다. 그러자 파벨이 미소를 지으며 말했다.

"당신의 그 멋진 머리카락과 영리한 눈이 아깝거든 조심하도록 해요. 내 손톱을 잘 봐 둬요. 당신은 그 이상 잃을 것도 많지 않을 테니까."

그는 화를 참으면서 시끄러운 발소리를 내며 노파들에게로 향했다. 노파들은 눈을 훔치며 더듬더듬 실패를 찾았다. 등불이 꺼졌기 때문이다. 그들은 아무것도 찾을 수 없게 되자 파벨에게 욕설을 퍼부었다.

"어서 저 애를 보내 독거미[76]나 잡아 오라고 해요. 기름을 마련해야 하니까."

서기가 음험하게 말했다.

"난 당신들에게 위안이 되도록 이렇게 말해 줄 생각이었지. 에로스가 사방으로 쉴 새 없이 날아다니고 있으니까 당신들의 가위질도 바빠질 거라고. 틈날 때마다 운명의 실들을 더 길게 뽑아내라고 강요하던 에로스의 어머니가 내일이면 불꽃의 전리품이 될 거요."

파벨이 눈물을 흘렸다. 이것을 본 서기는 억지로 웃음을 터뜨렸고, 알라우네 뿌리 한 조각을 노파에게 주고는 코를 찌푸리며 그곳을 떠났다. 노파들은 기름이 아직 남아 있는 것에 아랑곳하지 않고 파벨을 향해 어서 가서 독거미를 잡아 오라고 화난 목소리로 명령했다. 서둘러 가던 파벨은 문을 여는 척한 다음 다시 문을 쾅 소리가 나도록 닫고서 발소리를 죽이며 동굴 뒤로 갔다. 그곳엔 사다리가 매달려 있었다. 파벨은 사다리를 타고 재빨리 올라갔다. 이윽고 위로 여는 문 앞에 도달했는데, 그것은 아르크투르 왕의 거실과 통하는 문이었다.

파벨이 그 거실에 들어섰을 때 왕은 시종들[77]에 둘러싸인 채 앉아 있었다. 북방의 왕관[78]이 그의 머리를 장식하고 있었다. 왼손에는 백합[79]을, 그리고 오른손에는 저울[80]을 들고 있었다. 발치에는 독수리와 사자[81]가 앉아 있었다.

"폐하!"

파벨은 그에게 공손히 머리를 조아리고서 말했다.

"확고하게 다져진 옥좌 만세! 폐하의 아픈 가슴엔 즐거운 소식을! 지혜[82]의 즉각적인 귀환을! 평화[83]를 향한 영원한 각성을! 쉴 틈 없는 사랑[84]에는 휴식을! 가슴[85]에는 변용을! 고대는 영원하기를! 미래가 형체를 갖기를!"

왕은 자신의 훤한 이마를 백합으로 쓰다듬었다.

"무슨 부탁이든 들어주겠다."

"저는 먼저 세 번 부탁을 하겠습니다. 제가 네 번째 부탁을 할 즈음이면 사랑이 문 앞에 와 있을 것입니다. 저에게 급히 류트를 주십시오."

"에리다누스[86]! 어서 라이어[87]를 가져오너라."

왕이 소리쳤다. 에리다누스가 천장에서 흘러내렸다. 파벨은 반짝이는 에리다누스의 물결에서 얼른 류트를 꺼냈다.

파벨이 몇 차례 예언적인 연주를 하자 왕은 파벨에게 잔을 하나 건네주게 했다. 파벨은 그 잔으로 물을 홀짝홀짝 마시고 감사의 인사를 하고는 서둘러 그 자리를 떠났다. 파벨은 류트의 현에서 즐거운 음악을 유인해 내면서 얼음 호수 위를 매력적인 곡선을 그리며 활공했다. 파벨의 걸음마다 얼음이 스스로 멋진 소리를 냈다. 슬픔의 절벽은 그 소리가 애타게 찾던 아이들이 돌아오는 소리라고 여겨 여러 번 메아리로 회답했다.

파벨은 곧 호숫가에 도착했고 그곳에서 어머니를 만났다. 어머니는 지치고 창백해 보였다. 몸이 홀쭉해지고 엄숙해 보였다. 고상한 표정에는 절망적인 슬픔과 감동적인 지조의 흔적이 드러났다.

"어머니, 무슨 일이 있었나요?"

파벨이 말했다.

"전혀 다른 분 같아 보여요. 어머니의 내면적인 징후가 아니었더라면, 알아보지 못할 뻔했어요. 저는 어머니의 가슴에서 다시 기운을 얻기를 얼마나 바랐는지 몰라요. 어머니가 정말 애타게 그리웠어요."

기니스탄은 파벨을 사랑스럽게 어루만져 주었다. 기니스탄은 더 기분이 좋아지고 다정해진 것 같았다.

"난 바로 알았단다."

그녀가 말했다.

"서기가 널 붙잡지 못할 거라고 말이다. 너를 보니 원기가 돌아오는 것 같구나. 지금 난 몹시 힘들게 지내며 겨우 버티고 있단다. 그렇지만 곧 위로를 받게 될 거야. 잠깐 좀 쉬어야겠구나. 에로스가 근처에 있으니, 그를 보거들랑 무슨 말이든 하도록 하렴. 네 말이라면 아마도 잠시 동안 머물 게다. 그 사이에 넌 내 가슴에 누울 수 있겠구나. 네게 내가 가진 것을 주마."

그녀는 어린 파벨을 무릎 위에 올려놓고 가슴을 내밀어 젖을 먹였다. 맛있게 젖을 빨아먹는 어린 것을 사랑스럽게 내려다보며 계속해서 말했다.

"에로스가 저렇게 거칠고 변덕스러워진 것은 다 내 책임이란다. 그렇지만 난 후회하지 않아. 왜냐하면 그의 팔에서 보낸 시간이 나를 불멸의 존재로 만들어 주었거든. 나는 그만 불같은 그의 애무에 녹아서 사라져 버리는 줄 알았구나. 그는 천상의 도적처럼 나를 잔인하게 파괴하고, 떨고 있는 나를 당당하게 제압하고 싶어 하는 것 같았어.

우리는 금지된 도취 상태에서 뒤늦게 깨어났는데, 모든 것이 이상하게 바뀐 상태에 놓여 있었단다. 은처럼 하얗고 긴 날개가 그의 하얀 어깨와 매력적인 살집으로 둥글게 굽어진 부분을 덮고 있었어. 그토록 갑자기 그를 소년에서 청년으로 샘솟듯 몰아갔던 힘이 이제는 반짝이는 날개 쪽으로 이동해 간 것 같았지. 그리고 그는 다시 소년이 되었단다. 얼굴에서 보여지던 진지한 열정은 도깨비 불의 장난스런 불빛으로, 성스러운 엄숙함은 거짓투성이 간악함으로, 의미심장한 평정은 유치하기 짝이 없는 변덕으로, 고상하던 품위는 우스꽝스러운 활발함으로 변했어. 나는 진지한 열정에 휩쓸려 악의적인 소년에게 억제할 수 없이 이끌리고 있다는 걸 느꼈고, 애절한 내 부탁에 대해 그가 보인 조소와 무관심 때문에 고통스러웠어. 나는 변해 버린 내 모습을 깨달았지. 근심 걱정 모르던 쾌활한 성격은 사라지고, 비통한 근심과 연약한 수줍음이 자리 잡았어. 사람들의 눈을 피해 에로스와 함께 숨고 싶었지만 나는 그의 모욕적인 눈동자를 쳐다볼 용기가 없었어. 너무나 부끄럽고 창피했어. 나는 에로스 외에 다른 생각을 하지 못했고, 그를 무례함에서 자유롭게 해 줄 수만 있다면 목숨을 걸 수 있을 정도였지. 나는 그를 숭배할 수밖에 없었지만 그는 나의 감정을 그만큼 깊이 병들게 했단다.

제발 내 곁에 있어 달라고 뜨거운 눈물로 호소했지만, 그는 나를 버리고 떠났어. 그러나 나는 어디든 그를 쫓아다녔고 그는 나를 놀리려는 듯 내가 그를 거의 따라잡자마자 심술궂게 더 날아가 버렸지. 그의 활은 도처에서 폐허를 야기했고, 내가 할 수 있는 일은 불행을 당한 사람들을 돕는 것뿐이었어. 하지만 사실

나도 위안이 필요했지. 나에게 외쳐대는 그들의 목소리로 그가 어느 길로 갔는지 알게 되었어. 내가 다시 그들을 두고 떠나야 할 때마다 그들의 애처로운 목소리가 심금을 울렸단다. 서기는 엄청난 분노에 사로잡혀 우리를 뒤쫓으면서 불행을 당한 불쌍한 사람들에게 복수를 해댔지.

그 신비스러운 밤에 맺은 열매가 바로 수많은 경이로운 아이들[88]이야. 그들은 할아버지를 닮았고, 이름도 할아버지를 따라 지었어. 날개를 달고 항상 아버지 에로스의 뒤를 따라다니면서, 아버지의 화살에 맞은 사람들을 괴롭혔어. 그렇지만 곧 한 무리의 행복한 사람들이 올 거야. 나는 떠나야 해. 잘 있어. 사랑스런 아이야. 그가 가까이 와 있으니 내 열정이 타오르는구나. 네 일이 잘되기를 바란다."

에로스는 자기를 향해 서둘러 다가오는 기니스탄에게 다정한 눈길 한 번 주지 않은 채 계속해서 걸어갔다. 그렇지만 파벨에게는 친절하게 대해 주었다. 그러자 그의 어린 동행자들이 파벨의 주위를 돌면서 즐겁게 춤을 추었다. 파벨은 자신의 젖형제를 다시 보게 되어 기뻤다. 파벨은 류트에 맞춰 쾌활한 노래를 부르기 시작했다. 그러자 어린 동행자들은 풀밭에서 잠이 들었고, 에로스는 정신을 차리려는 듯이 활을 내려놓았다. 기니스탄이 그를 붙잡아 애무하기 시작했다. 에로스는 그녀의 부드러운 애무를 견디다 마침내 꾸벅꾸벅 졸기 시작했다. 그러더니 기니스탄의 품속으로 파고들어, 날개를 그녀의 몸 위에 활짝 펼쳐 놓은 채 이내 잠이 들었다. 지친 기니스탄은 뛸 듯이 기뻤다. 그래서 잠을 자는 사랑스러운 애인에게서 잠시도 눈길을 떼지 않았다. 노래를 부르는 동안 사방에서 독거미들이 나타났다. 그것들은 풀줄기 위에 반짝이는 거미줄을 쳐놓고서 박자에 맞추어 실을 타며 경쾌하게 움직였다. 이번엔 파벨이 어머니를 안심시키면서 곧 도와주겠다고 약속했다. 바위 절벽에서 음악의 부드러운 반향이 일었고, 그 소리는 잠자는 아이들을 진정시켜 주었다. 기니스탄은 잘 간수해 온 작은 접시에서 물 몇 방울을 허공으로 뿌렸다. 그러자 이 세상에서 가장 달콤한 꿈이 그들에게 떨어졌다. 파벨은 그 접시를 들고 여행을 계속했다. 파벨의 류트는 쉬지 않았고, 독거미들은 재빨리 자신들이 뽑아내는 거미줄을 타고 그 매혹적인 소리를 따라갔다.

파벨은 곧 멀리서 장작더미에서 타오르는 불꽃이 푸른 숲 위로 높이 치솟는 것을 보았다. 고개를 들어 슬픈 눈빛으로 하늘을 쳐다보았다. 그때 파벨은 소피의 푸른 베일을 발견하고 기뻐했다. 소피의 베일은 대지 위에서 펄럭이며 거대한 무덤을 영원히 덮고 있었다. 그런데 장작더미의 힘찬 불꽃이 태양으로부터 탈취해 온 빛을 삼켜 버리고 있었고 하늘에 떠 있는 태양은 분노로 새빨개졌다. 태양이 아무리 열심히 그 빛을 잡아 두는 것처럼 보여도, 태양은 점점 더 창백해지고, 얼룩이 졌다. 불꽃이 힘을 얻고 더 하얗고 강해질수록, 태양의 빛깔은 점점 더 퇴색되었다. 불꽃은 더욱더 세차게 빛을 빨아들였다. 얼마 지나지 않아 태양 주변의 광휘가 다 흡수되고 말았다. 태양은 이제 흐릿하게 빛나는 원반에 불과했다. 태양이 질투하거나 화를 내 봤자 도망치는 햇빛의 물결만 증대시킬 뿐이었다.

마침내 태양은 시커멓게 타 버린 찌꺼기만 남게 되었고, 그 찌꺼기는 호수로 떨어졌다. 장작더미의 불꽃은 말로 다 표현할 수 없을 만큼 찬란해졌다. 장작더미가 다 소진되자, 불꽃은 천천히 하늘로 올라가 북쪽으로 이동했다.

파벨이 집 마당으로 들어섰다. 인적이 없는 것 같았다. 그동안 마당은 폐허가 되어 있었다. 창문틀 틈에는 가시나무 덤불이 자랐고, 부서진 계단 주위에는 온갖 종류의 해충들이 기어다니고 있었다. 방에서 소란스럽게 떠드는 소리가 들려왔다. 서기와 추종자들이 파벨의 어머니가 화형당하는 것을 보고 좋아하다가, 태양이 몰락하는 것을 알아차리고는 소스라치게 놀랐던 것이다. 그들은 불길을 끄려고 허둥댔지만 헛수고였다. 이번 사건으로 그들 역시 피해를 입지 않을 수 없었다. 고통과 불안으로 인해 그들에게서 끔찍한 욕설과 비탄이 흘러나왔다. 파벨이 방에 들어서자 그들은 더욱 소스라치게 놀랐다. 그들은 분노의 고함을 지르며 파벨을 향해 달려들어 자신들의 원한을 드러냈다.

파벨은 요람 뒤쪽으로 살그머니 도망쳤다. 파벨을 뒤쫓던 자들은 막무가내로 독거미들이 쳐 놓은 올가미로 들어서서 끝도 없이 독거미에 물리는 보복을 당해야만 했다. 독거미들 전체가 한 덩어리가 되어 파벨이 연주하는 흥겨운 노래에 맞춰 미친 듯이 춤을 추기 시작했다. 파벨은 그들의 역겨운 얼굴을 보고 웃으면서 제단의 잔해 쪽으로 갔다. 폐허더미를 치우고 숨겨진 계단을 찾아낸 파벨은 독거미 호위병과 함께 계단을 타고 아래로 내려갔다. 스핑크스가 물었다.

"번개보다 더 갑작스럽게 오는 게 무엇이지?"

"그야 복수지요."

파벨이 말했다.

"이 세상에서 가장 덧없는 게 무엇이지?"

"부당하게 얻은 재물이요."

"세상을 아는 사람은 누구지?"

"그야 자기 자신을 아는 사람이지요."

"영원한 비밀은 무엇이지?"

"사랑이지요."

"그것은 누구와 함께 있지?"

"소피요."

스핑크스는 시무룩하게 허리를 굽혔고, 파벨은 동굴 안으로 들어갔다.

"여기 당신들을 위해 독거미들을 데려왔어요."

그 사이에 다시 등잔에 불을 붙이고 열심히 일하고 있는 노파들에게 파벨이 말했다. 그들은 화들짝 놀랐다. 한 노파가 가위를 들고 파벨을 향해, 찌르려고 달려갔다. 노파는 자기도 모르게 독거미 한 마리를 밟았다. 그러자 독거미가 그녀의 발을 독침으로 찔러 버렸다. 그녀는 처참하게 비명을 질러댔다. 다른 노파들도 그녀를 도와주려고 달려들었다가 그들 역시 화난 독거미들에게 찔리고 말았다. 이제 더 이상 파벨을 학대할 수 없게 된 노파들은 이리저리 거칠게 날뛰듯이 춤을 추었다.

"어서 우리를 위해 가벼운 무용복을 짜거라."

그들은 격노해서 어린 파벨에게 소리를 질렀다.

"이 뻣뻣한 치마를 입고서는 움직일 수조차 없어. 그리고 열이 나서 죽을 지경이야. 그렇지만 실이 끊어지지 않도록 먼저 거미의 분비액으로 실을 부드럽게 해야 해. 그리고 불 속에서 자란 꽃들도 꿰매 넣도록 해. 그렇게 하지 않으면 넌 죽은 목숨인 줄 알아."

"기꺼이 그렇게 하지요."

파벨은 그렇게 대답하고서 옆방으로 갔다.

"내가 너희들에게 크고 살찐 파리 세 마리를 구해 줄게."

파벨은 천장과 벽 곳곳의 공중에 거미집을 쳐 놓은 왕거미들에게 말했다.

"대신 너희들은 날 위해 당장 예쁘고 가벼운 옷 세 벌을 짜 주었으면 해. 거기에 꿰매 넣을 꽃은 내가 곧 가져올 테니까."

왕거미들은 준비하고 서둘러 옷을 짜기 시작했다. 파벨은 사다리가 있는 곳으로 살그머니 도망쳐 아르크투르 왕을 찾아갔다.

"폐하."

파벨이 말했다.

"악한 자들은 춤을 추고 있고, 착한 자들은 쉬고 있어요. 불꽃은 도착했나요?"

"불꽃은 도착했다."

왕이 말했다.

"밤은 지나가고, 얼음이 녹고 있다. 내 아내, 왕비가 멀리서 보이기 시작했다. 나의 적[89]은 불에 타 죽고, 만물이 살아나기 시작했다. 그러나 아직 내 모습을 내보이면 안 돼. 나 혼자서는 왕이라고 할 수 없거든. 원하는 게 뭔지 어서 말하거라."

"저는 불에서 자란 꽃들이 필요합니다."

파벨이 말했다.

"폐하께 그런 꽃을 키울 줄 아는 정원사가 있는 걸로 알고 있습니다."

"징크[90]야"

왕이 소리쳤다.

"어서 꽃을 가져오너라."

꽃 정원사가 시종의 열에서 앞으로 나와 불이 타고 있는 화분을 꺼내 반짝이는 꽃가루를 뿌렸다. 꽃들이 피어오르는데 오랜 시간이 걸리지 않았다. 파벨은 그 꽃들을 앞치마에 담아서 되돌아갔다. 왕거미들은 열심히 일하고 있었다. 이제 꽃만 꿰매 넣으면 되었다. 거미들은 기민하면서도 아름답게 일을 해치웠다. 파벨은 아직도 왕거미들과 연결되어 있는 실의 끄트머리가 끊어지지 않도록 조심했다.

파벨은 그 옷들을 지치도록 춤을 춘 그 무희들에게 가지고 갔다. 그들은 땀방울을 뚝뚝 흘리면서 쓰러졌으나, 잠시 후 지금껏 겪어보지 못한 긴장으로부터 원기를 회복했다. 파벨이 숙달된 솜씨로 잊지 않고 어린 하녀에게 욕설을 퍼붓는 수척한 노파들의 옷을 벗기고 그들에게 새 옷을 입혔기 때문이다. 새 옷은 꼭 맞게 예쁘게 만들어졌다. 옷을 입히면서 파벨이 여주인들의 매력과 친절한 품성을 칭찬하자, 노파들은 파벨의 아첨과 새 옷의 우아함 덕분에 정말로 기분이 좋아진 것 같았다. 그 사이에 그들은 원기를 회복했고, 다시 춤을 추고 싶은 새로운 욕구에 사로잡혀 주위를 경쾌히 돌기 시작했다. 그러면서 그들은 파벨에게 교활하게도 장수長壽와 보상을 약속했다. 파벨은 방으로 되돌아가 왕거미들에게 말했다.

"너희들은 이제 내가 너희들의 거미집으로 몰아넣은 파리들을 안심하고 먹어 치울 수 있게 됐어."

왕거미들은 거미줄이 이리저리 잡아 당겨져서 벌써부터 조바심이 났다. 거미줄의 끄트머리가 아직 자신들 속에 있었고, 노파들은 너무나 미친 듯이 껑충껑충 날뛰어 다니고 있었기 때문이다. 왕거미들은 밖으로 달려 나가 무희들을 덮쳤다. 노파들은 방어하기 위해 가위를 찾았지만, 이미 파벨이 몰래 가져간 뒤였다. 그렇게 해서 그들은 굶주린 수공업 동료들에게 내맡겨졌다. 그렇게 맛있는 음식을 실로 오랫동안 맛보지 못한 왕거미들은 그것들을 골수까지 다 빨아 마셨다. 파벨은 바위틈으로 하늘을 보았다. 그러자 커다란 쇠 방패를 들고 있는 페르세우스[91]의 모습이 보였다. 가위가 스스로 그 방패를 향해 날아갔다. 파벨은 페르세우스에게 그 가위로 에로스의 날개를 가지런히 잘라 달라고, 그런 다음 방패로 자매들을 영원하게 만들고, 그렇게 해서 그의 위대한 작업을 완성해 달라고 부탁했다.

파벨은 이제 지하 세계를 떠나 즐거운 마음으로 아르크투르의 궁전으로 올라갔다.

"아마천은 다 짜여졌습니다. 생명이 없는 존재는 다시 영혼을 잃었습니다. 생명이 있는 존재가 다스리고, 생명이 없는 존재를 만들고 이용할 겁니다. 내면적인 것이 계시되고, 외면적인 것은 은폐될 겁니다. 막이 오르고, 드라마가 시작될 겁니다. 다시 한 번 청원하는데, 그러고 나면 저는 영원의 날들을 짜겠습니다."

"행운의 아이야."

왕이 감동받은 말투로 말했다.

"너는 우리의 구원자로구나."

"저는 소피의 대자녀일 뿐이에요."

어린 소녀가 말했다.

"투르말린[92]과 정원사, 황금이 저를 동반할 수 있도록 허락해 주십시오. 저는 저를 키워 준 어머니의 재를 모아야 해요. 옛날의 짐꾼[93]이 다시 일어나야 해요. 그렇게 해서 지구가 다시 한 번 두둥실 떠오르고, 더 이상 혼돈에 처하게 해서는 안 됩니다."

왕은 그들 셋을 모두 불러 어린 파벨과 동행하라고 명령했다. 도시는 생기로 빛나고, 거리마다 활기찬 왕래가 이어졌다. 바다는 '쏴아' 소리와 움푹 파인 절벽에 와서 부딪쳤다. 파벨은 동행자들과 왕이 내준 마차를 타고 호수를 건넜다. 투르말린은 바람에 날리는 재를 조심스럽게 모았다. 그들은 지구를 빙 돌아, 늙은 거인이 있는 곳에 이르러 그 거인의 어깨를 타고 내려갔다. 거인은 벼락을 맞았는지 사지를 전혀 움직이지 못했다. 황금은 그의 입안에다 동전 한 닢을 넣어 주었고, 정원사는 그의 허리 밑에다 대야를 하나 밀어 넣었다. 파벨이 그의 눈을 건드리고 나서 작은 그릇에 담긴 물을 그의 이마 위에 부었다. 물이 눈을 지나 입으로 흘렀고 다시 입을 지나 대야로 떨어지자 그의 모든 근육 속에서 생명의 섬광이 비쳤다. 거인이 눈을 번쩍 뜨더니 힘차게 일어났다. 파벨은 자신의 동행인들이 있는, 떠오르는 지구 위로 펄쩍 뛰어올라 거인에게 다정하게 아침 인사를 건넸다.

"너 여기 또 왔구나, 사랑스러운 아이야?"

늙은 거인이 말했다.

"난 늘 네 꿈을 꾸었단다. 지구와 눈이 너무 무거워지기 전에 네가 나타날 거라고 늘 생각했지. 내가 꽤 오랫동안 잠들어 있었나 보구나."

"지구가 다시 가벼워졌어요. 좋은 사람들에게 늘 그랬듯이 말이에요."

파벨이 말했다.

"옛 시절이 다시 돌아오고 있어요. 얼마 안 있으면 옛날 지인 들을 다 만나게 될 거예요. 당신을 위해 행복한 나날을 잣고 싶 어요. 당신을 도와주는 사람은 언제고 있을 거예요. 그렇게 해 서 당신은 때때로 우리와 기쁨을 함께 나누고 여자 친구의 품에 안겨 젊음과 힘을 호흡할 수 있을 거예요. 우리의 옛 여주인인 헤 스페리데스들[94]은 어디에 있지요?"

"소피 곁에 있단다. 그들의 정원은 곧 다시 꽃이 피고 황금 열 매가 향기를 풍기겠지. 그들은 지금 돌아다니면서 시들어 가는 식물들을 채집하고 있어."

길을 나선 파벨은 서둘러 집으로 갔다. 집은 완전히 폐허가 되어 있었다. 담쟁이 넝쿨이 담을 에워싸고 큰 관목들이 예전 에 뜰이었던 곳에 그림자를 던졌으며, 부드러운 이끼가 오래된 계단을 휘감았다. 파벨이 방 안으로 들어갔다. 소피는 다시 만 든 제단 옆에 서 있었다. 에로스는 갑옷을 차려입고 그녀 발치 에 누워 있었는데, 예전보다 훨씬 진지하고 고상해 보였다. 천장 에는 화려한 샹들리에가 매달려 있고, 바닥에는 알록달록한 돌 들이 깔려 있었다. 고상하고 의미심장한 형상들로 이루어져 있 는 제단 둘레로만 큰 원이 그려져 있었다. 안락의자에는 아버지 가 누워서 깊이 잠들어 있는 것 같았고 그 위로 기니스탄이 울 면서 몸을 구부리고 있었다. 헌신과 사랑스러운 표정 덕분에 그녀의 매력은 끝없이 피어올랐다. 파벨은 재가 담겨 있는 항아리를 성스러운 소피에게 건네주었다. 소피는 파벨을 다정하게 안아주었다.

"사랑스러운 아가야."

소피가 말했다.

"너는 열성과 의리 덕분에 영원한 별들 가운데 한 자리를 얻게 되었구나. 너는 네가 지닌 내면의 불멸을 선택했어. 불사조 자리는 네 것이란다. 너는 우리 삶의 영혼이 될 거야. 이제 신랑[95]을 깨우렴. 사자使者가 소리치고 있구나. 에로스는 프레이야를 찾아서 잠에서 깨워야 해."

파벨은 이 말을 듣고 형언할 수 없을 만큼 기뻤다. 파벨은 동행자인 황금과 징크를 부르고, 안락의자를 향해 다가갔다. 기니스탄은 기대감을 가지고 그들이 일을 시작하는 것을 바라보았다. 황금은 동전을 녹여, 아버지가 누워 있는 안락의자를 그 반짝이는 용액으로 채웠다. 징크는 기니스탄의 가슴에 목걸이[96]를 걸어 주었다. 바르르 떠는 물결 위에 아버지의 몸체가 떠다녔다.

"몸을 구부리세요. 어머니."

파벨이 말했다.

"사랑하는 사람의 가슴에다 손을 얹으세요."

기니스탄은 허리를 구부렸고, 물결에 비친 자신의 여러 영상을 보았다. 목걸이가 용액에 닿았고, 그녀의 손은 파벨의 아버지의 가슴을 건드렸다. 그는 잠에서 깨어나 매력적인 신부를 가슴으로 끌어당겼다. 금속이 응고되어 밝은 거울이 되었다. 아버지가 일어섰다. 그의 눈은 반짝였다. 그의 모습 역시 아름답고 의미심장했으며, 순수하고 한없이 유연한 용액 같아 보였다. 모든 감정을 다양하고 매력적인 움직임 속에 드러내는 용액처럼 말이다.

그 행복한 쌍은 소피에게 다가갔고, 소피는 그들에게 축원하는 말을 해 주었다. 그리고 앞으로 거울의 충고에 열심히 귀를 기울일 것을 권고했다. 거울은 모든 것의 참모습을 반사하고 모든 현혹을 파괴하며 근원적인 모습만을 영원히 잡아 보여 준다는 것이다. 이번에는 유골 단지를 들어 제단 위에 있는 그릇에 재[97]를 쏟아부었다. 부드럽게 끓는 소리에 재가 녹고 있음을 알 수 있었다. 부드러운 바람이 구경꾼들의 옷과 머리카락 속으로 불어 들었다.

소피가 에로스에게 그릇을 건네주었고, 에로스는 그 접시를 다시 다른 사람들에게 건네주었다. 그 신비스러운 음료를 맛본 사람들은 모두 내면에서 어머니의 인사말을 들었다. 그들은 말로 다 할 수 없을 만큼 기뻤다. 그녀는 모든 사람에게 나타났고, 그녀의 신비스러운 헌신이 그들 모두를 변용시키는 듯했다.

기대는 실현되었다. 아니 그 이상이었다. 모두들 자신에게 무엇이 부족했는지 알게 되었고, 그 방은 이제 축복받은 자들의 거처가 되었다.

소피가 말했다.

"위대한 비밀이 모두에게 계시되었고, 영원히 풀리지 않는 수수께끼처럼 남아 있을 것이다. 새로운 세계가 고통에서 태어나고, 재가 눈물 속에서 영원한 생명의 음료로 용해되었다. 모두의 내면에는 천상의 어머니가 살아서, 영원히 각자 아이를 낳을 것이다. 그대들은 그대들의 가슴이 뛰는 소리에서 달콤한 탄생이 느껴지지 않는가?"

소피는 접시에 남아 있던 나머지 음료를 제단 속에 부었다. 그러자 깊은 곳에서 대지가 요동쳤다.

소피가 말했다.

"에로스, 여동생을 데리고 어서 네 애인에게로 가거라. 너희들은 나를 곧 다시 보게 될 거다."

파벨과 에로스는 동반자들을 데리고 신속하게 집을 떠났다. 대지에는 화창한 봄이 펼쳐져 있었다. 만물이 일어나 약동했다. 대지는 베일을 쓰고 은밀하게 떠올랐으며, 달과 구름은 즐거운 수다를 떨며 북쪽을 향해 이동했다. 환한 왕궁이 호수 위에서 찬란하게 빛나고 있었다. 그 성가퀴 위로 왕이 시종들을 거느리고 우아하게 서 있는 것이 보였다. 그들은 곳곳에서 먼지 소용돌이가 이는 것을 보았고, 그 속에서 잘 아는 사람의 모습이 그 형상을 드러내는 것처럼 보였다. 파벨 일행이 성을 향해 환호성을 지르며 몰려갔기 때문이다. 그들은 자신들을 환영하는 수많은 청년과 아가씨의 무리를 만났다. 언덕 여기저기에는 방금 잠에서 깨어난 행복한 쌍들이 오랫동안 기다린 포옹을 하고, 새로운 세상을 하나의 꿈으로 여기며, 그칠 줄 모르고 아름다운 진실에 대해 확신했다.

꽃과 나무들이 자라나고 한껏 푸르러졌다. 만물에 생기가 부여된 것 같았다. 모두들 이야기하고 노래를 불렀다. 파벨은 곳곳에서 옛 지인들과 인사했다. 동물들은 잠에서 깨어난 인간들에게 다정하게 인사를 건네며 다가갔다. 식물들은 인간들에게 열매와 향기로 대접하고, 그들을 아주 멋지게 장식해 주었다. 이제 더 이상 어떤 돌도 사람들의 가슴에 얹혀져 짓누르지 않았고, 모든 무거운 짐은 스스로 딱딱한 마룻바닥으로 내려앉았다.

파벨과 에로스는 호숫가에 도착했다. 강철로 만든 멋진 탈것 하나가 강가에 매여 있었다. 그들은 안으로 들어가 밧줄을 풀었다. 뱃머리를 북쪽으로 향하고, 경쟁하는 파도를 비행하듯 헤치고 나아갔다. 속삭이는 갈대가 배의 광포함을 저지할 때쯤, 배는 조용히 해안에 닿았다. 그들은 폭이 넓은 계단 위로 올라섰다. 에로스는 왕의 도시와 그 풍요로움을 보고 놀랐다. 궁전에는 다시 살아난 샘물이 솟아오르고, 작은 숲은 달콤한 소리로 흔들리고 있었다. 놀라운 생명이 숲의 뜨거운 줄기와 잎사귀들에서, 또 반짝이는 꽃과 열매들에서 샘솟고 고동치는 것 같았다.

늙은 영웅이 왕궁의 문 앞에서 그들을 맞이했다.

"존경하는 어르신."

파벨이 말했다.

"에로스에겐 왕의 검이 필요합니다. 황금이 그에게 목걸이[98]

를 하나 주었는데, 한쪽 끝은 호수 속에 깊이 닿아 있고, 다른 한쪽 끝은 그의 가슴에 걸려 있습니다. 저와 함께 그 목걸이를 잡고, 우리를 공주가 쉬고 있는 방으로 안내해 주세요."

에로스는 영웅의 손에서 칼을 넘겨받아 손잡이를 가슴에 갖다 대고 칼끝이 앞을 향하도록 했다. 홀의 접이문들이 활짝 열렸다. 에로스는 몹시 기뻐하며 잠들어 있는 프레이야를 향해 다가갔다. 갑자기 강력한 번개가 내리쳤다. 한 줄기 밝은 불꽃이 공주에게서 칼을 향해 튀었다. 칼과 목걸이가 환하게 빛났다. 영웅은 넘어질 뻔한 파벨을 잡아 주었다. 에로스의 투구 깃털이 위로 휘날렸다.

"칼을 던져 버려요."

파벨이 말했다.

"그리고 애인을 깨워요."

에로스는 칼을 버리고서 공주에게 날아가 그녀의 달콤한 입술에다 불같은 키스를 퍼부었다. 그녀는 커다랗고 검은 눈을 번쩍 뜨고 연인을 알아보았다. 긴 키스가 두 사람의 영원한 결합에 봉인을 찍어주었다.

왕이 둥근 천장에서 소피의 손을 잡고 걸어 내려왔다. 별과 자연의 정령들이 찬란하게 열을 맞추며 그 뒤를 따랐다. 형언할 수 없이 밝은 대낮의 빛이 홀과 궁전, 도시, 하늘을 가득 채웠다. 수많은 군중이 왕의 넓은 홀로 쏟아져 들어와, 두 연인이 왕과 왕비 앞에 무릎 꿇는 광경을 경건한 마음으로 구경했다. 왕과 왕비는 그들에게 축복을 내렸다. 왕은 쓰고 있던 왕관을 벗어서 에로스의 금발 머리에 씌워 주었다. 늙은 영웅이 에로스에게서 갑옷을 벗기자, 왕이 자신의 외투를 에로스에게 입혀 주었다. 그러고 나서 왕은 그의 왼손에 백합을 쥐여 주었고, 소피는 꼭 쥐고 있는 연인들의 손에 귀중한 팔찌를 끼워 주었다. 동시에 프레이야의 갈색 머리에 자신의 왕관을 씌워 주었다.

"우리의 선왕先王 만세!"

사람들이 외쳤다.

"그들은 언제나 우리들 속에 살아 있었으나, 우리가 그들을 알아보지 못했을 뿐이다! 만세! 그들이 우리를 영원히 통치하리라! 우리에게 축복을 내리소서!"

소피가 새 여왕에게 말했다.

"너희들의 결합을 알리는 팔찌를 공중으로 던지거라. 백성과 세계가 언제나 너희들과 연결되어 있게 말이다."

팔찌는 공중에서 녹아 흘렀다. 이어 모든 사람의 머리에 밝게 빛나는 고리가 씌워지는 게 보였다. 그리고 그 빛나는 고리가 도시와 호수, 영원한 봄의 축제를 즐기고 있는 육지 위로 움직였다.

페르세우스가 실패와 조그만 바구니를 들고 들어와, 그것을 새 왕에게 가져갔다.

"여기"

그가 말했다.

"적들의 유해를 가져왔습니다."

바구니 안에는 흰 칸과 검정 칸이 그려져 있는 석판이 하나 들어 있었다. 그리고 그 옆에는 설화 석고와 검은 대리석으로 만든 형상들이 수두룩하게 들어 있었다.

"이건 체스 게임이에요."

소피가 말했다.

"모든 전쟁이 여기 이 석판과 인물들에 담겨 있어요. 어두웠던 지난날의 기념물이지요."

페르세우스는 파벨 쪽을 향하더니 그녀에게 실패를 주었다.

"이 실패는 네 손에서 우리를 영원히 기쁘게 할 거야. 그리고 너는 너 자신으로부터 우리를 위해 영원히 끊어지지 않는 황금실[99]을 잣게 될 거야."

불사조가 리듬 있게 파닥거리며 파벨의 발치로 날아가 그녀 앞에서 날개를 활짝 펼쳤다. 파벨은 그 날개 위에 올라탔다. 불사조는 파벨을 태운 채 왕좌 너머로 날아가 다시는 내려앉지 않았다.

파벨은 천상의 노래를 부르면서 실을 잣기 시작했다. 그 실은 파벨의 가슴에서 풀려나오는 것 같았다. 사람들은 새로운 황홀경에 빠졌다. 그들의 눈길은 모두 그 사랑스러운 아이에게 모아졌다. 또 다른 기쁨의 함성이 문 쪽에서 들려왔다. 늙은 달이 멋진 수행원들과 함께 홀 안으로 들어온 것이다. 그의 등 뒤로 꽃다발을 두른 기니스탄과 그녀의 신랑이 마차를 타고 마치 개선

행진을 하듯 나타났다. 왕의 일가는 그들을 진심으로 반갑게 맞이했다. 그리고 새 왕과 왕비는 그들을 지상의 총독에 임명했다.

"저에게……."

달이 말했다.

"운명의 여신들의 왕국을 주세요. 그곳 궁전 마당에 땅으로부터 이제 막 야릇하게 생긴 건물들이 솟아올랐습니다. 그곳에서 야외극을 공연하며 여러분에게 즐거움을 주고 싶습니다. 어린 파벨도 저를 도와줄 겁니다."

왕은 기꺼이 달의 청원을 들어주었고 어린 파벨도 상냥하게 고개를 끄떡였다. 사람들은 특이하고 흥미로운 공연을 기대하며 기뻐했다. 헤스페리데스들은 즉위를 축하하면서 왕의 정원을 지키는 역할을 맡겨달라고 했다. 왕은 그들을 환영했다. 수많은 기쁜 소식이 이어졌다. 그러는 사이 아무도 모르게 왕좌가 화려한 신방으로 바뀌었고, 침대의 덮개 위에는 불사조가 어린 파벨과 함께 떠 있었다. 뒤쪽에서는 검은 반암班岩으로 된 세 여인상[100]이, 앞쪽에서는 현무암으로 만든 스핑크스가 침대를 떠받들고 있었다. 왕은 얼굴을 붉히는 왕비를 끌어안았다. 백성들도 왕을 따라 서로 사랑을 나누었다. 달콤하게 서로의 이름을 부르는 소리와 키스의 속삭임밖에 들리지 않았다. 마침내 소피가 말했다.

"어머니는 우리들 사이에 계신단다. 그분의 존재는 우리를 영원히 행복하게 해 줄 거야. 우리 집으로 따라오거라. 우리는 그곳의 사원에서 영원히 살며 세상의 비밀을 지킬 것이다."

파벨은 열심히 실을 잣고 큰 목소리로 노래했다.

영원의 왕국은 세워졌네.
사랑과 평화 속에 싸움은 끝나고,
고통의 긴 꿈도 이제 지나가 버렸다네,
소피는 모든 영혼의 영원한 사제라네.[101]

2부

실현

수도원 또는 앞마당

변용變容한 하인리히

아스트랄리스[102]

어느 여름날 아침 나는 젊어졌지.
그때 처음으로 인생의 맥박을 느꼈어
사랑이 더욱 깊은
황홀경으로 빠져들자
나는 점점 더 깨어나고
더 부드럽게, 더 완전하게 몸을 섞고자 하는
열망이 매 순간 더욱 절박해졌지
쾌락은 존재의 생산력이지.
나는 중심이자, 성스러운 샘물이고,
그곳에서 모든 동경이 폭풍처럼 흘러나가지만
모든 동경은 어디론가 잡다하게 흩어졌다가
그곳으로 다시 조용히 오므라들지.
당신은 나를 모르지만, 내가 성장하는 모습은 보았지―
당신은 몽유병자 같은 나를 처음 만난
그 행복했던 저녁[103]의 증인이 아니었던가?

불붙는 듯 달콤한 전율이 당신을
엄습하지 않았던가?-
꿀샘에 완전히 잠긴 채 누워 있었지.
향기를 풍기고, 꽃은 황금빛 아침 바람에
조용히 흔들렸지. 나는 내면의 샘이자
부드러운 투쟁이었지. 모든 것은 나를 통해서
또 내 위로 흘렀으며, 나를 살며시 일으켜 주었지.
그때 첫 꽃가루가 암술머리에 내려앉았네,
식사를 끝낸 뒤의 키스[104]를 생각해 보면 되려나.
그때 나는 원래의 물결 속으로 되돌아가서-
마치 번개처럼 -그러자 난 이미 싹트고,
부드러운 실과 꽃받침이 움직였지.
스스로 그렇게 했듯이, 세속적으로 숙고하는 가운데,
생각들이 빠르게 움텄지.
나 아직 아무것도 보이지 않지만, 존재의 놀라운 원경에서
밝은 별들이 비틀비틀 어디론가 가 버리고,
어느 것도 가까이 있지 않았지. 나는 단지 멀리서만
내가 과거의 공감임을 발견했어, 미래의 공감처럼.
애수와 사랑, 예감으로부터
단 한 번 비상으로 분별력이 자라나,
쾌락의 불꽃이 내면에서 치솟자,
나는 곧 깊은 비애에 사로잡혔지.
밝은 언덕 주변엔 꽃이 만발한 세상이 놓여 있고,

예언자의 말[105]은 내게 날개가 되고,
하인리히와 마틸데는 더 이상 고립되지 않았어.
두 사람은 하나의 형상으로 합쳐졌지.
새로 태어난 나는 하늘을 향해 몸을 일으키고,
복된 변용의 순간에
지상의 운명은 완성되었지.
권한을 잃었던 시대가
빌려 준 것을 돌려 달라 하네.

새로운 세계가 갑자기 시작되었네,
가장 밝은 햇살조차 어둡게 하면서.
이끼 낀 폐허 속에서
놀라운 미래가 가물거리네.
예전에는 평범했던 것이
이제는 낯설고 신기해 보이네.
'전체 속에 하나가, 그리고 하나 속에 전체[106]가 있지,
풀과 돌 위에 신의 모습,
인간과 동물 속에 신의 정신,
우리는 이것을 마음에 품어야 하지.
더 이상 공간과 시간에 따른 질서는 없고
이곳 과거 속에 미래가 있지.'
사랑의 왕국이 세워지고
파벨이 물레를 잣기 시작하네.
각자 재능의 원초적인 활동이 시작되고

각기 나름으로 힘찬 단어들을 곰곰이 생각하네.
그리하여 위대한 세계의 마음이
도처에서 싹트고
만물은 서로가 맞물려 있네.
하나는 다른 것에 의해 번창하고 성숙한다네.
개체는 전체 속에서 나타나고,
그것들과 섞이고
깊은 곳으로 탐욕스럽게 빠지면서,
자신의 존재를 새롭게 하고
수천의 새로운 생각을 얻으면서.
세계는 꿈이 되고, 꿈은 세계가 되지,
일어나리라 믿었던 것이
저 멀리서 비로소 다가오네,
상상력은 자기 마음대로 구는 법.
제 기호대로 실을 섞어 짜내야 하고,
어떤 것은 감추고, 어떤 것은 드러내 보이면서,
결국엔 마법의 안개 속에서 부동하네.
우수와 쾌락, 죽음과 삶이
여기선 내밀하게 교감을 이루네-
지고한 사랑에 빠진 자,
그의 상처는 결코 아물지 않네.
우리 내면의 눈 주위에 감겨 있는
저 붕대[107]를 고통스럽지만 우리는 찢어야 하네,

실로 가장 신실한 마음도 고립되는,
이 지겨운 세상에서 벗어나기 전에.
몸은 녹아 눈물이 되고,[108]
세상은 넓은 무덤이 되네,
불안한 그리움에 쇠진되어 그곳으로,
우리의 마음은 재가 되어 떨어지네.

한 순례자가 산으로 이어지는 좁은 오솔길에서 깊은 생각에
빠져 있었다. 정오가 지났다. 강한 바람이 푸른 대기를 뚫고 윙윙
댔다. 둔탁하고 다양한 소리가 다가올 때처럼 사라졌다. 바람이
어린 시절의 고장들을 지나 날라 온 걸까? 아니면 이야깃거리가
풍부한 다른 여러 나라를 지나 날라 왔으려나? 그것은 메아리
에 따라 가장 깊은 곳에서 울리는 소리들이었다. 그렇지만 순례
자는 그 소리들을 아직 알아차리지 못한 것 같았다.

그는 막 산에 도착했다. 그곳에서 여행의 목표를 찾을 수 있
기를 바랐다. 아니 바랐으려나? 이제 그는 아무것도 소망하지
않았다. 끔찍한 불안과 그 다음 찾아온, 냉담한 회의의 메마른
냉기가 그로 하여금 그 산의 거친 공포를 찾도록 다그쳤다. 힘겨
운 발걸음이 내부에서 일어나고 있는 힘들의 파괴적인 유희를
진정시켜 주었다. 그는 지쳤지만 평온했다. 바위에 앉아 지나온
날을 되돌아 볼 때도 지금까지 자신의 주변에 서서히 쌓여 왔을
것들을 아무것도 보지 못했다. 그는 자신이 지금 꿈을 꾸고 있거

나 아니면 꿈을 꾼 것 같다고 생각했다. 갑자기 눈 앞에 장엄한 광경이 펼쳐진 것이다. 내면이 무너져 내리며 눈물이 흘렀다. 그는 존재의 흔적마저 남지 않을 정도로 울고 싶었다. 격하게 오열하다 보니 점차 마음이 추스려지는 듯했다. 부드럽고 청명한 공기가 온몸을 파고들고, 세상이 그의 감각에 다시 찾아왔으며, 오랜 생각이 위안의 말을 건네기 시작했다.

저 멀리 탑들과 함께 아우크스부르크가 놓여 있었다. 지평선 너머에는 무섭고 신비스러운 강물[109]이 반짝거렸다. 광대한 숲은 위안을 주듯 진지하게 방랑자를 향해 몸을 구부렸다. 평원 위에 쉬고 있는 뾰족한 산들이 의미심장하게 이렇게 말하는 것 같았기 때문이다.

'서둘러 보라, 강물이여. 그래 봤자 그대는 나에게서 도망가지 못하지. 내가 날개 달린 배를 타고 그대 뒤를 쫓아갈 거니까. 그대를 내 품에 잡아 두고 조각내어 삼킬 테니까. 순례자여, 우리를 믿으시오. 우리가 낳긴 했지만 강물은 우리의 적이기도 하오. 약탈한 것을 가지고 마음껏 도망치게 놔둬 보라지요. 그래 봤자 우리 손에서 벗어나지 못할 테니까.'

가엾은 순례자는 옛 시절과 그 형언할 수 없는 황홀함을 생각했다. 소중했던 기억들도 지친 듯 흘러갔다. 챙이 넓은 모자가 젊은 얼굴을 가렸다. 얼굴은 밤에 피는 꽃처럼 파리했다. 젊은 인생의 발삼액[110]은 눈물이 되고 한껏 부풀어 올랐던 숨결은 깊은 한숨으로 바뀌었다. 그의 모든 빛깔은 빛바랜 잿빛으로 퇴색해 버렸다.

한 수도사가 산비탈 옆 오래된 떡갈나무 아래서 무릎을 꿇고 있는 광경이 눈에 들어왔다. '혹시 스승이신 궁정 신부님인가?' 그는 별로 놀라지 않고 속으로 생각했다. 다가갈수록 수도사의 모습은 더욱 커지면서 흉물스러워 보이는 게 아닌가. 그는 그때 자신의 실수를 알아챘다. 그것은 그냥 바위였고, 그 위로 나무가 휘어져 있던 것이다. 그는 순간 마음이 흔들려 바위를 두 팔로 움켜잡고 큰 소리로 울면서 끌어 안았다.

'지금이라도 신부님이 하신 말씀이 사실로 증명되어, 성모께서 제게 표시를 해 주신다면 얼마나 좋을까. 나는 지금 아주 비참하게 버려졌어. 이 황야에는 나를 위해 기도해 줄 성자가 아무도 살고 있지 않단 말인가? 사랑하는 아버지, 지금 이 순간에 저를 위해 기도해 주세요.'

그가 이런 생각에 잠겨 있을 때, 나무가 바르르 떨기 시작하고, 바위가 낮고 둔탁하게 윙윙거렸다. 그리고 해맑은 어린 목소리들이 깊은, 지하 먼 곳으로부터인 듯 생겨나더니 노래를 부르기 시작했다.

그녀의 가슴엔 기쁨뿐이네.
그녀가 아는 것은 기쁨뿐.
고통이라는 것을 알지 못하네.
어린아이를 가슴에 안았으니.

그녀는 아이의 뺨에 입 맞추네.
수도 없이 입 맞추네.
그녀는 사랑으로 충만하네
어린아이의 아름다운 형상으로.

목소리들은 끝도 없는 즐거움으로 노래를 하며 이 시구들을 몇 번이고 반복했다. 모든 것이 다시 안정을 찾을 즈음 순례자는 누군가가 나무에서 말하는 것을 듣고 깜짝 놀랐다.

"당신이 날 위해 류트에 맞춰 노래를 부르면 한 가련한 소녀가 이곳으로 올 겁니다. 그녀를 버리지 말고 맞아들여 주고 황제를 만나거든 날 기억하도록 하세요. 나는 나의 어린아이와 함께 살기 위해 이곳을 골랐습니다. 날 위해 이곳에 따뜻하고 튼튼한 집을 지어 주세요. 내 아이는 죽음을 극복했답니다. 그리고 너무 슬퍼하지 마세요. 당신은 아직 지상에 머물게 될 거지만 내가 항상 당신 곁에 있으니까요. 당신이 죽어서 우리의 기쁨에 동참하는 날까지 그 소녀가 당신을 위로해 줄 거예요."

"이건 마틸데의 목소리야."

순례자는 이렇게 소리치고는 기도하기 위해 무릎을 꿇었다. 그때 나뭇가지 사이로 그의 눈을 향해 긴 빛줄기 하나가 비추어 들었다. 그 빛줄기를 통해 그는 멀리 있는 작지만 놀라운 장관을 들여다보았다. 그것은 묘사할 수 없고, 온갖 색깔로도 모방할 수 없는 오묘한 광경이었다. 그곳에서는 고상한 형상들과 내면적인 즐거움과 기쁨이, 정말로 천국의 행복이 어디서나 보였다. 심지어 생명이 없는 그릇과 기둥, 양탄자, 장식품 등, 한 마디로 눈에 보이는 것들은 모두 사람의 손에 의해 만들어진 것이 아니라 즙이 풍성한 풀처럼 제 욕구에 따라 자라서 그곳에 모여든 것 같았다. 비교할 수 없이 아름다운 인간들의 모습도 보였다. 그들은 이리저리 거닐다가 서로 만나면 더없이 우아하고 상냥하게 행동했다. 바로 앞쪽에는 순례자의 애인이 있었다. 그녀는 그와 이야기를 나누고 싶어 하는 것 같았다. 그러나 아무 소리도 들리지 않았다. 순례자는 강렬한 그리움으로 그녀의 매력적인 표정을, 그녀가 그를 향해 미소를 지으며 보내는 손짓을, 그녀가 자신의 왼쪽 가슴에 손을 얹는 것을 바라보았다. 그 모습을 보는 것만으로도 그에게 한없는 위안과 힘이 되었다. 순례자는 그 모습이 사라진 뒤에도 오랫동안 행복한 황홀경 속에 누워 있었다. 성스러운 빛줄기가 그의 마음으로부터 모든 근심과 고통을 흡수했다. 그의 마음은 예전처럼 다시 가볍고 순수해졌으며, 그의 정신은 다시 자유롭고 쾌활해졌다. 조용하고 진심 어린 동경과 깊은 내면의 애수 어린 울림 외에 아무것도 남지 않았다. 고독의 괴로움, 이루 말할 수 없는 상실의 고통, 침울하고 경악스러운 공허, 그리고 지상의 무력함은 물러난 지 오래다. 그리하여 순례자는 풍요롭고 가치 있는 세계 속에 있는 자기 자신을 보았다. 말소리와 언어가 다시 생생해지고 모든 것이 예전보다 더 친숙하고 예언적으로 여겨지기에, 죽음도 그에게 생명의 좀 더 높은 차원의 삶

의 한 모습으로 보였다. 그래서, 이제 그는 자신이 덧없는 존재라
는 사실을 어린애처럼 즐거운 감동으로 바라보았다. 그의 내부
에서 과거와 현재가 만나 동맹을 맺었다. 그는 이제 현재로부터
멀리 떨어져 있었다. 그가 세상을 잃었을 때처럼 비로소 세상은
그에게 소중해졌다. 그 세상의 넓고 화려한 홀을 아직도 더 거닐
어야 하는 나그네로서 자기 자신이 그 세계 안에 있다는 것을 알
게 된 것이다. 저녁이 되었다. 그 앞에 대지가 놓여 있었다. 대지
는 오랫동안 떠나 있어서 버려져 있던 걸 다시 찾은 낡고 사랑스
러운 고향 집 같았다. 수천 가지의 기억들이 생생하게 살아났다.
돌 하나, 나무 한 그루, 언덕 하나하나가 다시 식별되기를 바라고
있었다. 그 모든 것이 오래된 역사의 기념물이었다.

　　순례자는 류트를 들고 노래를 부르기 시작했다.

　　　　사랑의 눈물, 사랑의 불꽃이
　　　　함께 합쳐지고
　　　　하늘이 내게 모습을 드러낸 곳
　　　　이 놀라운 장소를 신성하게 하네.
　　　　끝나지 않는 기도로
　　　　나는 이 나무 주위를 벌 떼처럼 북적이네.

　　　　그녀[111]가 왔을 때
　　　　그[112]는 그녀를 기쁘게 맞이해
　　　　그녀를 폭풍우로부터 보호했네.

언젠가 그녀는 그녀의 정원에서
그에게 물을 주며, 그를 기다릴 것이네.
깨어진 조각들[113]로 기적을 행하며.

바위도 기쁨에 취해
성스러운 어머니의 발 앞에
무릎을 꿇었네.
돌에게도 경건함이 있을 터,
인간이 그 돌을 위해 울거나
피를 쏟으면 안 되는가?

무거운 짐 진 자들아 와서
여기 무릎을 꿇으라.
이곳에서 모두 건강해 지리라.
이제부터 비탄하는 이 없을 것이고,
모두들 즐겁게 말하리라.
"이전에 우리 정말 슬펐지."

이 높은 곳에
진지한 장벽들이 우뚝 서리라.
가장 힘든 시절이 찾아오면
계곡에서 사람들은 이렇게 외치리라.
"그 누구도 가슴 답답해하지 말지어다,
저기 저 계단으로 올라가기만 하면 될 테니."

신의 어머니와 연인,
슬픔에 잠긴 남자가
이제 변용해서 이곳에서 거니네.
영원한 선이여, 영원한 자비로움이여,
오! 나는 안다네, 당신이 마틸데라는 것을
또 나의 감각의 진정한 목적이라는 것을.

내가 무모하게 묻지 않아도
내게 말해 줄 것이리라,
언제 당신을 찾아가면 될 지를
기꺼이 수천 가지 방식으로
나는 지상의 기적들을 찬양하리라,
당신이 다가와 껴안아 줄 때까지.

태고의 기적들아, 미래의 시대여,
그 특이함이여,
내 가슴에서 사라지지 말아라.
이곳은 잊히지 않으리니.
빛의 성스러운 샘물이
고통의 꿈을 씻어 줄 것이니.

노래를 부르는 동안 아무것도 눈치채지 못하다가 문득 올려
다보니 가까운 바위 옆에 한 어린 소녀가 서 있었다. 그녀는 오래
전부터 알고 지낸 사람처럼 그에게 인사를 하고, 그를 위해 이미

저녁 식사를 준비해 놓은 자기 집으로 함께 가자고 했다. 그는 그녀를 사랑스럽게 끌어안았다. 그녀의 존재와 행위가 왠지 익숙했다. 그녀는 그에게 잠시만 기다려 달라고 부탁하더니 나무 밑으로 가서 신비로운 미소를 지으며 올려다보고는 앞치마에서 수많은 장미를 풀밭에 쏟아 놓았다. 그녀는 옆에 조용히 무릎을 꿇었다가 곧 다시 일어나 순례자를 안내했다.

"누가 네게 내 이야기를 했지?"

순례자가 물었다.

"어머니께서요."

"네 어머니가 누군데?"

"신의 어머니시지요."

"이곳에 온 지는 얼마나 됐지?"

"무덤에서 나온 이래로 쭉."

"그렇다면 너는 이미 한 번 죽었었다는 말이니?"

"그렇지 않고서야 어떻게 계속 살 수 있겠어요?"

"이곳에서 너 혼자만 사니?"

"노인 한 분이 집에 계셔요. 그렇지만 나는 이 세상에 살았던 사람들을 많이 알고 있어요."

"나와 함께 있을 생각이니?"

"난 당신을 사랑해요."

"나를 어떻게 알고 있지?"

"오, 아주 옛날부터 알고 있어요. 예전 어머니도 늘 당신 이야기를 해 주시거든요."

"그 어머니가 아직 계시는구나."

"네, 하지만 사실은 모두 같은 분이세요."

"성함이 어떻게 되는데?"

"마리아."

"네 아버지는 누구시니?"

"호엔촐러른 백작[114]이요."

"나도 그분을 알아."

"물론, 당신도 그분을 알고 있어야지요. 그분은 당신 아버지이기도 하니까요."

"내 아버지는 아이제나흐에 계시는데."

"하지만 당신에게는 더 많은 양친이 계시지요."

"우리는 지금 어디로 가는 거지?"

"집으로요. 늘 그러하듯이."

그들은 숲속의 넓은 장소에 도착했다. 그곳의 깊은 해자 뒤로는 쇠락한 탑들이 서 있었다. 어린 관목들이 노인의 은색 머리에 둘러 놓은 발랄한 화환처럼 담장을 휘감고 있었다. 잿빛 돌들과 벼락 모양으로 갈라진 틈, 크고 섬뜩한 형상들을 관찰하다 보면, 시간의 무한성을 보고, 아주 먼 곳의 이야기들이 작고 반짝이는 순간으로 오그라드는 것을 발견할 수 있었다. 이렇게 하늘은 검푸른 옷을 입은 무한한 공간들을 보여 주고, 하늘의 그 육중하고 어마어마한 세계들의 아주 멀리 떨어진 무리를 우윳빛 미광처럼, 어린아이의 뺨처럼 그렇게 순진무구하게 보여 주었다.

그들은 오래된 성문을 지나 걸어갔다. 순례자는 자신이 정말이지 특이한 식물들로 둘러싸이고, 또 그러한 폐허 속에 아주 멋진 정원의 매력이 숨겨져 있는 것을 보고 크게 놀랐다. 크고 맑은 유리창들이 달린, 새로운 건축 양식으로 지은 조그만 돌집이 정원 뒤편에 있었다. 그 정원에 있는 잎사귀가 큰 관목들 뒤로 한 노인이 서서 흔들리는 나뭇가지들에 버팀목을 묶어 주고 있었다. 소녀는 순례자와 함께 그에게 갔다.

"이 사람이 하인리히예요. 할아버지가 제게 종종 물어보셨던 바로 그 사람 말이예요."

노인이 자기 앞쪽으로 향하는 순간 하인리히는 예전의 그 광부를 보고 있다고 여겼다.

"이분은 의사이신 실베스터[115]님이세요."

그녀가 말했다.

실베스터는 그를 보자 매우 기뻐했다.

"자네 아버지와 내가 함께 있었던 게 벌써 한참 전의 일이군. 그땐 자네 아버지도 젊었었지. 당시에 나는 그에게 고대의 보물과 너무 일찍 사라진 세계의 귀중한 유물을 소개하는 일에 열중했어. 자네 아버지는 위대한 조형 예술가로서의 재능이 엿보였지. 그의 진실한 눈은 창조적인 도구가 되고자 하는 열망으로 가득 차 있었어. 얼굴에는 내적인 견고함과 지칠줄 모르는 끈기가 나타나 있었어. 그러나 일상의 세계가 그에게 이미 너무 깊숙이 뿌리를 내려 버려서 그는 자신의 고유한 천성의 호소에 주의를 기울이지 않았지. 고향 하늘의 침울한 엄격함은 그의 내부에서 자라는 고상한 식물의 여린 싹을 못 쓰게 해 버렸어. 그는 유능한 장인이 되었지만 이제 그에게 영감은 어리석은 것이 되었지."

"물론……"

하인리히가 대꾸했다.

"저는 아버지께 고통을 동반하는 내밀한 불만이 있다는 것을 자주 목격했어요. 아버지는 쉬지 않고 일하셨는데, 그것은 내면적인 즐거움에서가 아닌 습관적인 것이었지요. 아버지에겐 뭔가가 결핍된 것처럼 보였어요. 삶의 평화로운 정적과 생계의 안락함, 사람들로부터 존경과 사랑을 받는 데서 느끼는 즐거움, 또 마을의 관심사에 있어서 조언자의 역할을 하는 데서 누리는 기쁨도 그것을 보상해 줄 수 없었어요. 아버지를 아는 사람들은 아버지가 아주 행복한 사람이라고 생각했지요. 그렇지만 그들은 아버지가 얼마나 삶에 싫증을 느끼고 있는지, 세계가 그의 눈에 얼마나 공허하게 보이는지, 그가 얼마나 현실을 박차고 도망치고 싶어 하는지, 돈을 벌고자 하는 욕심에서가 아니라 이러한 감정 상태를 몰아내고자 그가 얼마나 열심히 일하고 있는 건지 알지 못했어요."

"내가 가장 놀랍게 여기는 것은……"

실베스터가 대답했다.

"자네 아버지가 자네 교육을 모두 어머니의 손에 맡겨 두었다는 거야. 자신이 직접 나서서 자네의 발전에 간섭하거나 자네를 어떤 특정한 직업적 신분으로 이끌려고 하지 않았다는 점이지. 자네는 부모님의 간섭을 조금도 받지 않고 자란 것을 운이 좋은 것으로 여겨야 해. 왜냐하면 대부분의 사람은 서로 다른 식성과 취향을 가진 사람들이 마구 약탈하고 남은 풍요로운 향연의 찌꺼기일 뿐이거든."

　"저는 교육이라는 게 뭔지 모르겠어요."

　하인리히가 대답했다.

　"만약 그것이 제 부모님의 인생이나 성향의 방식이 아니라면, 또는 궁중 신부이신 제 스승님의 가르침이 아니라면 말입니다. 아버지는 모든 관계를 한 조각의 금속이나 예술적인 작업처럼 관측하는 냉정하고도 확고한 사고방식을 지니셨어요. 그럼에도 불구하고 모든 불가해하고 더 높은 현상들에 대해서는 무의식적으로 또 그 자체를 알려고 하지 않은 채 경외감과 경건한 마음을 지니셨지요. 그래서 어린아이의 성장을 겸손한 극기로 바라보신 것 같아요.

　어린아이에게는 무한한 샘물에서 갓 나온 정신이 작용하고 있어서, 지고한 것들에서 어린아이가 우월하다는 감정과 이제 막 위험한 생애의 과정을 시작하려는 이 순진무구한 존재를 더 가까이에서 보조를 맞춰가며 인도해야 한다는 억제할 수 없는 생각, 홍수가 지금껏 한 번도 알아볼 수 없도록 만든 적이 없는 놀라운 지상 세계에 대한 각인, 마지막으로 세상이 우리에게 보다 밝고 다정하고 신비스럽게 보이고, 예언의 정신이 거의 눈에 보이게 우리를 안내해 주던 그 놀라운 시절에 대한 자기 회상의 교감 등, 이 모든 것이 아버지로 하여금 저를 아주 경건하고도 겸손하게 다룰 수 있게 해 주었던 거죠."

"여기 꽃들 사이에 있는 잔디에 앉자꾸나."

노인이 하인리히의 말을 끊었다.

"저녁 준비가 되어 치아네[116]가 우리를 부를 때까지 자네 젊은 시절의 삶에 대해 이야기해 주지 않겠나. 우리처럼 늙은 사람들은 젊은 시절 이야기를 듣는 것을 제일 좋아하지. 자네는 내가 어린 시절 이후로 들여 마시지 못한 꽃향기를 풍기는 것 같아. 그 전에 먼저 나의 집과 정원이 마음에 드는지 말해 주게. 이 꽃들은 내 친구라네. 나의 마음은 이 정원에 있지. 여기서 나를 사랑하지 않거나, 다정하게 나의 사랑을 받지 않은 것은 볼 수 없을 거야. 나는 여기 나의 아이들 가운데 있지. 나는 내 자신이 한 그루 늙은 나무 같다는 생각이 들어. 그 뿌리에서 이 활기찬 젊은 것들이 생겨나는 것이고."

"행복한 아버지시군요."

하인리히가 말했다.

"당신의 정원은 세계예요. 폐허는 이렇게 피어나는 아이들의 어머니들이고요. 화려하게 살아 숨 쉬는 창조는 지나간 시절의 폐허에서 그 양분을 빨아들이지요. 그러나 아이들이 잘 자라기 위해서는 어머니가 죽어야 하고, 아버지는 영원한 눈물을 흘리면서 그녀의 무덤가에 혼자 앉아 있어야 하는 거겠죠?"

실베스터는 흐느끼고 있는 청년에게 손을 내밀었다. 그러고는 자리에서 일어나 갓 피어난 물망초를 가져와 그것을 측백나무 가지에 묶어서 그에게 주었다. 저녁 바람이 폐허 건너편에 서 있는 소나무들의 우듬지에 기묘하게 부딪쳤다. 소나무들의 낮은 윙윙 소리가 이편으로 울려왔다. 하인리히는 눈물에 젖은 얼굴을 사람 좋은 실베스터의 목덜미에 파묻었다. 하인리히가 다시 고개를 들었을 때, 저녁 별이 막 장관을 이루며 이쪽 숲 위로 들어섰다.

잠시 침묵이 흐른 뒤 실베스터가 입을 열었다.

"아이제나흐에서 자네가 친구들과 어울려 놀고 있는 모습을 본 적이 있는 것 같군. 자네 부모님과 훌륭한 방백 부인, 자네 아버지의 소박한 이웃들, 늙은 궁중 신부는 정말 훌륭하고 좋은 사람들이었지. 그들의 대화가 일찍부터 자네에게 영향을 미쳤을 테고, 그때 어린아이라고는 자네밖에 없었으니까 말이야. 나는 그 고장이 아주 매력적이고 뜻깊은 곳이었다고 생각하네."

"집을 멀리 떠나 다른 고장을 많이 보고 난 후에야 저는 비로소 제 고향을 제대로 알게 됐어요."

하인리히가 대답했다.

"식물이나 나무, 언덕은 모두가 나름의 모습과 고유한 고장을 갖고 있어요. 이 모든 것은 그 고장의 구조에 속하며 이것들의 생김새와 모든 성질은 고장으로 설명이 돼요. 동물과 인간만이 이곳저곳 장소를 옮겨 다닐 수 있기 때문에 모든 고장이 그들의 것이지요. 그렇게 해서 그들 모두가 함께 세계라는 고장을, 무한한 시야를 이루는 거예요. 이같은 시야가 인간과 동물에게 끼치는 영향은 협소한 환경이 식물에게 끼치는 영향처럼 뚜렷하지요. 따라서 여행을 많이 한 사람과 철새, 맹수는 그들이 지닌 특별한 지능과 그밖의 여러 놀라운 재능과 방식 면에서 다른 존재들보다 출중해요. 물론 개중에는 이와 같은 환경과 그 다양한 내용과 질서에 자극을 받아 형성되는 능력을 어느 정도 다소 갖춘 것도 있지요. 물론 여러 대상 사이에서 일어나는 변화와 조합을 주의 깊게 관찰하고 그것에 대해 생각을 해 본 다음에 필요한 비교를 할 수 있는 세심한 주의력과 침착성이 결여되어 있는 사람이 있기는 하지요. 고향이 저의 가장 어린 시절의 사고를 지워지지 않는 색깔로 물들이고, 고향의 이미지가 제 마음의 기묘한 전조가 되었다는 것을 요즘 들어 느끼고 있어요. 그 전조의 의미에 대해 생각할 때마다 저는 운명과 마음은 동일한 개념의 다른 이름이라는 것을 더욱 깊이 통찰하게 되었어요."

"내게는……"

실베스터가 말했다.

"물론 살아 있는 자연, 즉 그 고장에 활발하게 옷을 입히는 것이 내게 가장 감명을 주었지. 특히 나는 지칠 줄 모르고 세심하게 식물의 본질을 관찰했다네. 식물은 토양의 가장 직접적인

언어야. 모든 새로운 잎사귀 하나, 모든 진귀한 꽃 한 송이는 땅
에서 솟아오르는 어떤 비밀이라고 할 수 있지. 그 비밀은 너무나
많은 사랑과 기쁨에도 움직이거나 발언할 기회를 얻지 못하기
때문에 말없고 조용한 식물이 되는 거야. 외롭게 서 있는 한 송
이 꽃을 보면, 그 주변의 모든 것이 어딘가 모습이 변용되어 있
고 날개 달린 조그만 소리들이 즐겨 그 곁에 머물러 있으려는
것 같지 않나? 그런 걸 보면 사람들은 너무 기뻐서 울고 싶어지
고, 세상에서 멀리 분리되어 손과 발만을 땅에 박아 뿌리를 내
린 채 그 행복한 곳에서 떠나고 싶어하지 않지. 사랑의 신비스
러운 양탄자는 메마른 땅 모든 곳에 펴져 있다네. 이 양탄자는
매년 봄마다 새로워지지. 그리고 거기에 적힌 글씨는 동방의 꽃
다발[117]처럼 그 양탄자를 사랑하는 사람에게만 읽히지. 그 사람
은 영원히 읽을 테고, 아무리 읽어도 결코 싫증을 내지 않게 되
거든. 그렇게 해서 날마다 사랑스러운 자연의 여러 가지 새로운
뜻과 의외의 매력적인 계시를 자각하게 되는 거야. 이러한 무한
한 향수享受는 지구의 표면을 누비면서 내가 얻은 은밀한 매력
이라네. 모든 고장이 내게 다른 수수께끼를 풀어 주고, 또 그렇
게 해서 길은 어디서 왔다가 어디로 가는지 조금씩 추측할 수 있
게 해 주지.”

“맞아요.”

하인리히가 말했다.

“당신의 정원에 있다 보니 어린 시절과 교육에 대해 이야기

하게 되었네요. 정원에 있으니 어린 시절의 진정한 계시가, 즉 꽃들의 순진무구한 세계가 우리도 모르는 사이에 떠오르고, 오래된 꽃다운 모습에 대한 기억을 회상하거나 이야기를 하게 되었군요. 저희 아버지 역시 정말로 정원 생활의 위대한 친구세요. 아버지는 인생의 가장 행복한 시간을 꽃들 속에서 파묻혀 보냈어요. 그렇기 때문에 아이들에 대한 감각이 아버지에게 열려 있게 된 것 같아요. 꽃들은 아이들의 초상이잖아요. 우리는 정원에서 무한한 삶의 충만한 풍요로움과 후대의 강력한 힘들, 세계 종말의 장관, 미래의 황금기가 아직 내적으로 긴밀하게 엮여 있는 것을 보게 되지요. 그러나 그 모든 게 무엇보다도 부드러운 회춘 속에서 그야말로 가장 뚜렷하고 분명하게 엮여 있음을 볼 수 있지요. 전지전능한 사랑은 이미 싹트고 있어요. 그러나 아직 점화되지는 않았어요. 그것은 소모적인 불꽃이 아니라, 사라지는 향기와 같은 거예요. 애정 어린 영혼들 사이의 결합이 아무리 긴밀하다 해도 짐승들에게서 볼 수 있는 것처럼 격한 흥분이나 탐욕스러운 광기가 사랑을 따라다니게 해서는 안 돼요. 사실 어린 시절은 무엇보다 땅과 관련되어 있어요. 구름은 그에 반해 어쩌면 제2의, 보다 높은 어린 시절, 즉 다시 찾은 천국의 현상인지도 몰라요. 그렇기 때문에 구름은 이슬이 되어 첫 어린 시절을 향해 그토록 자선을 베풀 듯 떨어지는 거지요."

"구름은 분명 뭔가 아주 신비에 가득 찬 무엇인가를 가지고 있어."

실베스터가 말했다.

"어떤 구름은 종종 우리에게 놀라운 영향을 미치기도 하지. 떠다니는 구름은 서늘한 그림자로 우리를 끌어올리고 싶어 하고, 구름의 모양새가 우리의 내면에서 발산되는 소망처럼 사랑스럽고 알록달록하다면, 그 명료함, 곧 찬란한 빛은 어느 미지의, 말로 표현할 수 없는 장관壯觀의 전조처럼 이 세상을 지배하지. 그렇지만 침울하고 심각한, 또 끔찍한 먹구름도 있지. 그런 구름들은 오래된 밤의 모든 공포가 위협하는 것처럼 보이지. 하늘은 다시는 맑아질 것 같지 않고, 청명한 푸른 빛은 모두 지워지고, 짙은 회색 바탕 위에 놓인 퇴색한 적갈색은 모든 사람의 가슴에 공포와 전율을 불러일으키지. 그러다가 모든 것을 부술 듯이 번개가 내리치고, 이어서 천둥이 경멸의 웃음을 터뜨리며 아래로 떨어지면, 우리는 마음속 깊은 곳까지 온통 공포에 사로잡히게 되지. 그때 우리의 가슴속에 도덕적인 패권의 숭고한 감정이 생기지 않으면, 우리는 우리가 지옥의 끔찍함에, 악한 악령들에게 넘겨졌다고 믿는 거야.

천둥은 오래되고 비인간적인 자연의 메아리라네. 또한 보다 높은 자연, 즉 우리 가슴속의 천상적인 양심을 깨우는 목소리라고도 할 수 있지. 유한한 존재는 땅속 깊은 움막 속에서 우르르 울리지만, 불멸의 존재는 보다 밝게 빛나면서 자신을 인식하게 되지."

"그렇다면 이 전일적全一的 세계에서……"

하인리히가 물었다.

"공포와 고통, 결핍, 악이 더 이상 필요하지 않게 되는 날은 언제인가요?"

"이 세상에 단 하나의 힘만 존재하면 그렇게 되겠지. 양심의 힘 말이야. 그리고 자연이 겸손하고 도덕적이 되면 그렇게 되겠고. 이 세상에 악의 근원은 단 하나라네. 그것은 바로 세상에 널리 퍼져 있는 나약함이지. 그것은 다름 아닌 빈약한 도덕적 감수성 또는 자유에 대한 매력의 결핍이지."

"양심이 무엇인지 설명해 주세요."

"그럴 수 있다면 내가 신이겠지. 왜냐하면 양심이라는 것은 양심이라는 게 뭔지 이해할 때 비로소 생기거든. 자네는 내게 시 문학의 본질이 무엇인지 설명할 수 있겠나?"

"아무도 개인적인 성격의 문제를 이해할 수 있도록 설명할 수 없지요."

"자신이 직접 관여할 수 없는 것들의 비밀은 더욱 그렇지. 어떤 소리도 들을 수 없는 사람에게 음악을 설명할 수 있을까?"

"그렇다면 인간의 감각이란 이 감각을 통해 깨닫게 되는 세계에의 참여라는 말인가요? 우리가 어떤 것을 이해하려면 그것을 꼭 가지고 있어야 할까요?"

"전일적 세계는 한없이 많은 수의 세계, 즉 언제나 보다 큰 세계들에 의해 다시 포괄되는 세계들로 나뉘지. 결국 모든 감각은 하나의 감각인 게야. 하나의 감각은 하나의 세계처럼 점차적으로 모든 세계로 이어지지. 그러나 모든 것은 나름대로의 시간과 방식을 가지고 있다네. 오직 전일적 세계의 인간만이 우리 세계의 관계를 이해할 수 있지. 우리 몸의 감각 기관의 한계에 비추어 우리가 정말로 우리의 세계에 새로운 세계를, 그리고 우리의 감각에 새로운 감각을 덧붙일 수 있는 건지, 아니면 우리 인식의 성장과 새로 습득된 능력이 우리 현재의 세계에 대한 감각을 발전시키는 데만 고려하고 있는 건 아닌지 쉽게 말하기 어려워."

"그 두 가지는 똑같은 게 아닐까요?"

하인리히가 말했다.

"제가 알고 있는 것은 다만 동화만이 현재 세계를 위한 총체적 도구라는 거예요. 심지어 양심, 즉 감각과 세계를 만들어내는 이 힘, 즉 모든 인격의 맹아조차도 저에게는 세계 시詩의 정신처럼, 영원한 낭만적 회합의, 무한히 변화 가능한 총체적 삶의 우연처럼 보여요."

"친애하는 순례자여."

실베스타가 말했다.

"양심은 진지한 완성 속에서, 구체화 된 진리 속에서 나타나는 거라네. 성찰을 통해 하나의 세계상으로 개조되는 성향과 숙련은 양심의 한 현상이요 변형이지. 사실 모든 발달은 우리가 자유라고밖에는 다르게 부를 수 없는 것에 이르도록 되어 있네. 비록 단순한 개념이 아니라, 모든 존재의 창조적 기반으로 지칭되어야 하겠지만. 이런 자유는 숙달이라고 할 수 있지. 대가는 의

도대로, 또 특정하고 숙고된 순서로 자유로운 힘을 행사하지. 대가에게 예술의 대상은 그의 것이며, 그의 뜻에 따르지. 그렇지만 그가 그것들에 구속되거나 방해받을 수는 없다네. 그리고 바로 이처럼 모든 것을 포괄하는 자유, 대가다움 또는 장악력이 양심의 본질이요 충동이지. 바로 이때 성스러운 독특함과 인격의 직접적인 창조 행위가 계시되는 거지. 그리고 대가의 모든 행위는 동시에 드높고 단순하고 엉클어지지 않는 세계, 즉 신의 말씀의 포고인 게고."

"그러니까 예전에 윤리학이라고 불리던 것, 그것은 학문으로서의 종교, 고유한 의미에서 이른바 신학인가요? 자연과 신의 관계처럼 그것은 신에 대한 숭배와 관련된, 단지 법규 같은 게 아닐까요? 그것은 높은 세계를 보여 주고 특정한 교육 단계에서 그 세계를 대변하는 일련의 사고들이요, 말의 세계인가요? 통찰력과 판단력을 위한 종교이자, 판결문인가요? 한 개인적 본질에서 가능한 모든 관계에 대한 해소와 규정의 법안인가요?"

"양심은 분명히……"

실베스터가 대답했다.

"모든 인간의 타고난 중개자라고 할 수 있지. 양심은 이 세상에서 신의 자리를 대신 하는 거야. 그렇기 때문에 양심은 많은 사람에게 최고의 것이자 궁극적인 것이지. 그렇지만 우리가 지금까지 덕목 또는 윤리학이라고 부른 학문은 이 숭고하고 포괄적인 인격적 사고의 순수한 모습으로부터 너무나 멀리 떨어져 있었어. 양심은 완전히 다른 변용된, 인간의 가장 독특한 정수요, 천상적인 태곳적 인간이라고 할 수 있지. 양심은 이것과 저 것이 아니야. 양심은 보편적인 격언으로 명령하지 않아. 양심은 여러 가지 개별적인 덕목으로 이루어져 있지도 않아. 단 하나의 덕목, 그러니까 결정의 순간에 주저하지 않고 결심을 하고 선택을 하는, 순수하고 진지한 의지가 있을 뿐이지. 양심은 생기 있고, 독특한 불가분성 속에 살면서 인간의 육체라는 연약한 상징에 생명을 불어넣어 주고 모든 정신의 사지가 진정으로 활동할 수 있게 해 주지."

"오! 훌륭한 아버지시여."

하인리히가 그의 말을 가로막았다.

"당신의 말에서 뻗쳐 나오는 빛은 제 가슴을 기쁨으로 가득 채워 주네요. 그러니까 동화의 진정한 정신은 덕의 정신을 친근하게 변장시키는 거군요. 그리고 이보다 하위에 있는 시문학의 진정한 목표는 가장 드높고 참된 존재에 생기를 불어넣는 일이 되구요. 진정한 노래와 고상한 행동 사이에는 놀라운 자아가 존재하게 되고, 매끄럽고 거스르는 것이 없는 세계에서 빈둥거리던 양심은 매력적인 대화로, 모든 것을 말하는 동화로 바뀌는 거예요. 이 태곳적 세계의 들판과 커다란 홀에 시인이 살고 있어요. 그리고 그 시인의 덕은 지상적 활동과 영향의 정신이에요. 덕이 사람들에게 즉각적으로 작용하는 신성이요, 보다 높은 세계의 멋진 반영인 것처럼 동화 역시 그래요. 시인은 확신을 가지고 자신의 영감의 자극을 따르기도 하고, 또는 초지상적인 감각을 갖고 있다면 보다 높은 존재를 따를 것이며, 그 존재의 부름에 어린아이처럼 겸손하게 몸을 맡길 거예요. 그의 마음속에서도 전일적 세계의 보다 지고한 목소리가 말을 건네지요. 그 목소리는 우리에게 황홀한 말로 보다 즐겁고 낯익은 세계로 오라고 부르지요. 덕과 종교처럼, 영감과 동화도 밀접한 관계에 있어요. 그리고 성서에 계시의 역사가 보존되어 있듯이, 동화 이론은 보다 지고한 세계의 삶이 불가사의하게 생겨난 문학 작품들 속에 아주 다양한 방식으로 묘사되어 있어요. 동화와 역사는 아주 긴밀한 관계를 이루며 더없이 꼬불꼬불한 길을 이상하게 변장을 한 채 함께 걸어가지요. 그리고 성서와 동화의 이론은 동일한 궤도를 그리는 성좌들이에요."

"맞는 말이야."

실베스터가 말했다.

"자네는 이제 모든 자연이 오로지 덕의 정신을 통해서만 존재하고 또 그렇게 해서 더욱 안정되어 간다는 것을 알았을 게야. 덕의 정신은 지상의 영역에서 모든 것에 불을 붙여 주고 모든 것에 생기를 주는 빛이지. 별이 총총한 하늘에서, 광물계의 숭고한 융기한 돔에서 알록달록한 초원의 주름 진 양탄자에 이르기까지 모든 것은 덕의 정신을 통해서 유지되고, 덕의 정신을 통해서 우리와 연결되며, 덕의 정신을 통해서 이해할 수 있지. 그리고 덕의 정신을 통해 무한한 자연의 역사적 미지의 행로가 변용으로

까지 이끌어지지."

"네. 그리고 조금 전에 당신은 덕을 종교에 멋지게 연관시켜 보여 주셨습니다. 경험이나 지상의 활동을 포괄하는 모든 것이 양심의 영역을 이루지요. 이 양심은 세상을 보다 높은 세계와 연결시켜 주고요. 보다 높은 감각들에서 종교가 생성되지요. 그리고 옛날에는 이해할 수 없었지만 필연적일 수밖에 없던 것, 가장 깊은 본질이, 즉 특정한 내용이 없는 보편한 법칙이 이제는 신비롭고 고향 같으며, 무한히 다양하고 정말로 만족스러운 세계가 되었어요. 또 복자福者들의 친밀한 공동체가 되고, 마지막으로 우리의 가장 깊은 자아 속에서 가장 개인적인 존재의, 혹은 그의 의지의, 또 그의 사랑이 감지 가능한, 성스러운 현재가 되는 거지요."

"자네의 그 순수함이 자네를 예언자로 만들어 주고 있군."

실베스터가 말했다.

"자네는 모든 것을 이해하게 될 걸세. 세계와 세계의 역사가 자네에게서 성서로 변화할 거야. 자네가 성서에서 위대한 예를 보았던 것처럼, 이미 단순한 말과 이야기 속에서 전일적 세계가 계시될 수 있었던 것처럼 말일세. 직접적으로는 아니더라도, 드높은 감각의 자극과 각성을 통해 적어도 간접적으로 말이야. 자연에 관심을 기울이다 보니 나는 언어와 관련된 기쁨과 열광이 자네에게 가르쳐 준 바로 그것을 알게 되었네. 자연은 내게 예술과 역사를 알게 해 주었지.

나의 부모님은 세계적으로 유명한 에트나산에서 멀지 않은 시칠리아에서 사셨어. 부모님의 집은 옛날 풍으로 지은 편안한 저택이었는데 바위투성이인 해안가에 인접해 있었다네. 오래 묵은 밤나무들로 가려진 채 여러 가지 식물들이 자리를 차지하고 자라는 정원의 장식품 같았지. 우리 집 근처에는 어부와 양치기, 포도를 재배하는 사람들이 사는 오두막들이 늘어서 있었고 창고와 지하실에는 삶을 지탱하고 북돋아 주는 것들이 가득 차 있었어. 잘 만들어진 가구들은 우리의 숨겨진 감각까지도 만족시켜 주었고, 그 밖에도 다양한 물건들이 바라보고 사용하는 것만으로도 우리의 정서가 일상적 삶이나 그 요구를 넘어서도록 고양시키고, 또 정서를 보다 완벽한 상태로 대비하게 하여, 풍만하고 고유한 본질을 마음껏 즐길 수 있게 약속하고 베풀어 주는 것 같았지. 또한 돌로 만든 사람의 형상과 과거의 사건들이 그려져 있는 꽃병 그리고 사람의 모습들이 뚜렷하게 새겨져 있는 더 조그만 돌 등은 행복했던 지난 시절을 그대로 유지해 주는 것 같았어. 서가에는 둘둘 말린 양피지들이 빼곡하게 가득 차 있었는데, 거기에는 길게 이어지는 글자들로 과거의 인식과 생각, 시와 이야기들이 우아하고 예술적으로 표현되어 보존되어 있었지. 유능한 점성술사로서 일가를 이룬 나의 아버지의 명성 덕분에, 심지어 아주 먼 나라로부터도 수많은 사람이 아버지에게 수도 없이 문의하고 직접 방문하기도 했어. 그리고 미래를 예지하는 것을 매우 진귀하고 소중한 재능이라고 여겼기 때문에, 사람들은 자기들이 받는 통지에 대해 충분히 사례해야 한다고 생각했어. 그래서 우리 가족은 그들에게서 받은 선물로 안락하고 호화로운 생활을 유지할 수 있었다네."

주석

01 노발리스의 첫 번째 약혼녀인 소피. 그의 약혼 반지에 '소피는 나의 수호 정신이다'라고 각명되어 있다. 물론 소피 한 사람만을 지칭하는 것으로 보지 않을 수도 있다.

02 이 꽃의 상징에 대해서는 여러 가지 제안이 가능하다. 소설이 시작되는 성 요한절 저녁의 푸른꽃에 대한 튀링겐의 전설이 그중 하나다. 성 요한절에 피는 그 꽃을 발견하는 사람에게는 상금이 수여된다고 한다.

03 키프호이저Kyffäuser 산_ 이 산은 황제 프리드리히 1세의 전설로도 잘 알려져 있다. 전설에 따르면 프리드리히 1세는 키프호이저 산에서 무아지경에 빠져 있었으며, 그의 턱수염이 철제 탁자를 뚫고 자랐다고 한다. 그는 그곳에서 기독교를 통일 시킨 사람으로서 부활했다. 이러한 각성 의식은 노발리스가 『푸른꽃』을 계속 집필해 나가는 데 있어, 자신의 '황금시대'에 관한 고유한 발상과 융합되었다. 『푸른꽃』은 이 황금시대의 '기대'와 '실현'을 보여 주려고 시도한 작품이다. 그렇다고 노발리스는 역사가 다시 황금시대를 향해 앞으로 나아간다고 보지는 않는다. 그의 역사관은 오히려 나선형에 가깝다.

04 튀링겐주의 도시인 아이제나흐. 하인리히와 그의 아버지의 고향이다. 하인리히는 소설 속에서 아이제나흐에서 아우크스부르크까지 여행한다.

05 이 시인에 관한 이야기는 '아리온 전설'이라고 한다.

06 루스탐_ 피르다우시의 영웅 서사시 <샤나메>에 등장하는 페르시아의 유명한 영웅

07 Ruby_ 중세 이후부터 수호적인 힘이 있다고 전해진다.

08 lute_ 이집트와 아라비아를 거쳐 중세에 유럽으로 전해진 현악기로 라이어와 함께 시의 상징적인 악기. 아름다운 '동방의 처녀'(79쪽)가 류트에 맞춰 노래한다. 노발리스는 수많은 동시대인들처럼 동방을 시의 근원으로 여겼다.

09 오두막은 18세기에 연애의 장소로서 사용되기도 했는데 이곳에서는
   궁전과는 달리 계급에 경계가 없었다.(장자크 루소)

10 프리드리히 2세(1194~1250)_ 1228~1229년에 십자군 원정대를 이끌고
   예루살렘을 정복했다.

11 신의 어머니 상으로 게르만의 발퀴레와 영웅적인 처녀의 상을 기묘하게
   혼합시켜 놓았다. 발퀴레(영어로는 발키리)는 북구의 신 오딘Odin의
   12신녀로 전사한 영웅들의 영혼을 올림포스, 즉 발할라Valhalla로 안내하는
   처녀들이다.

12 프라하에서 남쪽으로 20km 떨어진 곳에 위치해 있다. 중세 이후로 금광
   산업으로 유명하다.

13 Zither_ 오스트리아, 남독일, 스위스 등지에서 널리 쓰는 현악기

14 갱도의 관개 수로를 위한 펌프장

15 연금술사들에게는 황금을 의미한다.

16 다른 광물들

17 깊은 곳의 위험을 의미한다.

18 지구의 표면

19 금속을 많이 함유한 광물에 대한 광산업자들의 표현. 오일라에서는 석영石英
   광맥 속에서 종종 금이 채광된다.

20 A. G. 베르너의 수성론水成論에 의하면 모든 광물은 근원적으로 지구를
   덮었던 원原 바다의 침전물들이다.

21 메시아, 자연의 구원자로서의 인간

22 산의 정령은 인간의 통찰력을 통해 축출된다.

23 주 14) 참조. 수력 관개 장치 혹은 펌프

24 연금술론에 따르면, 황금은 널리 퍼지면 퍼질수록 힘을 잃어버린다.

25 조화의 시대, 황금시대를 위한 이미지 혹은 상. 이 세상의 시작으로서의 원原 바다를 뜻한다.

26 성찬

27 성모 마리아

28 진흙으로 만들어진 인간에 대한 암시

29 세 곳 모두 광산업으로 유명하다. 일리리아는 아드리아의 동부 연안에 있는 나라이다.

30 석영이나 수정 속에서 은이 채광되는 것에 대한 암시. 9장 아르크투어 궁전의 금속 정원(178쪽) 참조

31 6장(137쪽)에 등장하는 클링소르임을 암시한다. 그는 하인리히의 외할아버지의 친구이며, 마틸데의 아버지이다. 또 앞으로 9장의 이야기를 서술해 나갈 인물이다. 그래서 9장은 '클링소르 동화'라고 불린다. 참고로 2장의 짧은 동화는 '아리온 동화', 3장 전체는 '아틀란티스 동화'로 불린다.

32 중세 프로방스 문학을 1800년 경에 새로운 문화의 기원으로 부흥시키려는 움직임이 있었다,

33 원문은 Gemut. 심정, 마음 등으로 번역되기도 한다.

34 축제의 관능적 쾌락의 묘사는 여기서 '황금시대'의 전 단계를 나타낸다. '포도주와 음식'은 성찬에 대한 암시로서, 또 그의 내면에서의 신적인 것과의 일치로서 기능한다. '소리를 내는 나무'는 2부에서 이미지화된, 사물의 우주적인 조화의 상태를 선취한 것이고 '천상의 기름'은 신과의 내적 충만함을 상징한다.

<u>35</u> 첫 번째와 두 번째 연은 디오니소스, 즉 포도주를 일컫는다.

<u>36</u> 술통

<u>37</u> 포도가 발효될 때 유리되는 이산화탄소

<u>38</u> 굽이 있는 금속 잔

<u>39</u> 로마인들은 축제 때 손님들 위로 장미 한 송이를 내걸었는데, 그것은 취한
상태에서 지껄이는 것에 대해 입을 다물라는 경고였다.

<u>40</u> 전쟁은 혼란, 파괴 등의 시적 기능을 통해 황금시대를 준비하는 노발리스의
표상이다.

<u>41</u> 마태오의 복음서 18장 20절

<u>42</u> 인간의 고유하고, 내면적이고, 영원한 상에 대한 신지학神智學적 표상을
나타낸다.

<u>43</u> 뒤에서 아이젠(182쪽), 페르세우스(212, 220쪽)로 등장한다. 강철의 기사인
아이젠은 자성을 띤 금속으로서 북쪽에 속해 있다.

<u>44</u> 1부 5장에서 늙은 광부를 통해 지하 마법의 정원을 기술한 것을 참조(주 30)

<u>45</u> 은銀 가지로부터 금속이 분리된다.

<u>46</u> 가령 아연과 구리의 용해에서 생기는 것과 같은 식물성의 결정화

<u>47</u> 북방의 금속 왕국의 왕. 생명의 정신인 '우연'으로 자유로운 시의 상징.
아르크투르는 목동자리 성좌의 중요별로서 왕관자리 아래에 있다.
아르크투르는 북쪽의 별이 총총한 하늘의 왕이다. 노발리스에게 그는 오직
'우연'으로만 파악할 수 있는 '생명의 정신'을 구체화한다. 오직 시(詩-파벨)
만이 이러한 우연 속에서 연관 관계, 즉 아르크투르의 통치와 제국을 인지할
수 있다. 따라서 파벨은 이 제국을 찾는 이정표이다. 자연력과 성좌들이
그의 궁전에 속해 있다.

48 여왕, 프레이야. 북유럽 신화에 나오는 사랑의 여신. 여기서는 평화의 신이자, 동경을 상징한다.(주 52 참조)

49 전기화 과정을 묘사.(유황 수정과 다른 물체와의 마찰을 통해서 전기를 만들어 낼 수 있다) 프레이야는 전기를 늙은 영웅에게 전달한다.

50 사지를 문지르는 것은 자성磁性의 생성 과정이다. 자성, 전기, 갈바니 전류의 과정은 이야기의 진행에 중요한 역할을 한다. 이 과정은 생기를 잃어가고 경직되어 가는 세계사에 자연의 생기 및 혼을 불어넣는것을 상징화한다.

51 이후 등장하는 불사조와 동일시된다.(197, 215, 221, 222쪽 참조) 부활의 상징이며, 또 남쪽 하늘의 성좌이다.

52 프레이야. 동경. 얼음이 녹아 만물을 소생하게 하는 봄, 즉 황금 시대의 도래를 기다린다.

53 사랑의 신

54 환상(판타지), 달의 딸

55 시(詩-Poesie). 여기서는 기니스탄의 딸. 에로스의 이복 남매(젖형제)

56 화석화하고 있는 오성Verstand. 계몽주의자

57 감각(Sinn). 모든 감각의 육화로 이해할 수 있고, 심장(Herz)과 결혼했으나, 환상(기니스탄)에 의해 유혹을 받는다.

58 소피. 아르크투르의 부인(183쪽). 지혜의 여신. 성좌의 세계에서 쫓겨나 지상에서 성수를 담는 접시를 지킨다.

59 건조한 오성의 지배를 의미하며, 이야기 속에서는 그 지배에서 벗어난다.

60 심정, 심성Gemut

<u>61</u> 늙은 영웅이 세상에 내던진 검의 파편. 그 검은 프레이야에 의해 자성화되었다. 그 파편들은 나침판으로서 북쪽을 가리키며, 아르크투르 제국으로 난 길을 안내한다.
서기는 그 파편을 오직 유효성의 측면에서만 분석하고, 기니스탄은 가지고 놀다가, 서기에게 꼬리를 무는 뱀의 형상으로 건네준다.(이 우로보로스 Uroboros는 유혹의 부호이며. 에로스가 그 유혹에 굴복한다) 에로스는 자성을 띤 파편의 숙명, 영원의 제국을 깨우기 위해 북쪽으로의 여행을 시작한다.(217쪽)

<u>62</u> 기니스탄은 에로스를, 그의 어머니의 모습을 하고 유혹한다. 근친상간- 모티프는 노발리스의 문학에서 자주 목격된다.

<u>63</u> 에로스

<u>64</u> 프레리야. 주) 52 참조

<u>65</u> 자연의 힘들을 말한다. 점성학적인 표상에 따르면, 그들은 달의 영향을 받는다.(참조. 밀물과 썰물)

<u>66</u> 달이 지배하는 꿈의 제국

<u>67</u> 하늘을 향해 솟구쳐 있는 큰 구름 떼

<u>68</u> 달이 손님들에게 제공하는 연극은 결국 파라디스적인 원原 상태에서 운명과 죽음, 카오스 시대를 넘어 새로 태어나는 황금시대로의 경과를 보여 준다. 이 표상은 동화와 소설 전체를 각인시킨다.

<u>69</u> 그리스 신화의 운명의 세 여신들. 그들은 인간의 운명의 실을 잣는다.

<u>70</u> 위와 마찬가지로 운명의 세 여신

<u>71</u> 재림과 부활의 표시

<u>72</u> 사자死者를 대상으로 한 노래

73   주 69), 70)참조, 운명의 세 여신

74   이제 실행에 옮기려는 사자死者의 영혼. 파벨이 노래 속에서 그들에게
     촉구한다.

75   맨드레이크_ 민속 신앙에서 마법에 걸리는 것에 저항하는 영약. 인간을
     섬기는 작은 요괴로 보기도 한다.

76   불안한 에로스를 흔들어 깨우는 정열. 운명의 세 여신이 인간의 수명을
     단축시키기 위해 필요로 하는 정열에 대한 이미지를 나타낸다.

77   별자리들

78   별자리 중 왕관 자리

79   왕의 덕목을 상징한다.

80   저울자리. 정의를 상징한다.

81   독수리자리와 사자자리. 왕의 권능을 상징한다.

82   소피

83   프레이야

84   에로스

85   어머니. 장작더미 위에서 화형당해 죽는다.

86   에리다누스강자리

87   류트와 함께 시의 상징적 악기

88   에로스와 기니스탄 사이에서 태어난 사랑의 동신童神들. 에로스의 아버지인
     감각을 닮은, 감각적인 욕망

89   별들의 빛을 창백하게 만드는 태양

90 산화아연

91 주 43) 참조. 북쪽 하늘에 있는 별자리 이름

92 투르말린과 꽃 정원사, 황금은 갈바니 학설의 세 가지 요소이다. 갈바니
　　학설은 화학적 에너지가 전기적 에너지로 전환하는 것에 관한 학설이다.

93 아틀라스. 그 아래 단락에서는 '늙은 거인'. 그는 갈바니적 과정을 통해
　　깨어난다.

94 아틀라스의 딸들로 저녁의 딸들이다. 그리스 신화에서 이들은 아틀라스
　　산맥의 중턱에 황금 사과가 열리는 정원을 돌보고 있다. 고대에는 에덴 동산
　　(천국)의 비유였으며, 이 동화에서는 시작 부분에 얼음으로 굳어져 버린
　　아르크투르의 궁전 앞의 정원과 동일시 된다.

95 에로스의 아버지

96 전기 충격을 주어 사람을 소생시키는 데 쓰이는 사슬

97 성찬과 유사한 성체 변화

98 갈바니적인 목걸이를 통해 계속되는 각성 과정을 의미한다.

99 옛 시절의 야만적인 운명은 이제 시(파벨)에 의해 분리된다.

100 운명의 여신들이 스핑크스처럼 돌로 변한 것이다.

101 지상, 하계, 연옥(달), 천상을 무대로 13명의 중심 인물이 옮겨다니며
　　황금시대의 도래를 알렸다. 이 인물들을 순서대로 살펴보면 다음과
　　같다. 늙은 영웅-프레이야-아르크투르 왕-아버지-어머니-기니스탄-
　　서기-에로스-파벨-기니스탄의 아버지-징크-스핑크스-아틀라스.
　　그밖의 인물들로는 독거미와 왕거미, 노파, 태양, 정원사, 황금 등이 있다.
　　노발리스의 순수 창작물인 이 동화(에로스와 파벨의 우화 혹은 클링소르
　　동화)는 1부 '기대'를 마감하고 2부를 여는 교량 역할을 하며, 2부는
　　노발리스의 말대로 동화로 넘어간다.

102 별의 정령. 항성적恒星的 인간. 하인리히와 마틸데의 첫 키스(7장, 8장)에서 생겨났음. 클링소르 동화에서 성좌 세계와 지상 세계와의 융합은 이미 수행되었다. 이제 그들은 직접적으로 소설의 주요 줄거리로 넘겨진다.

103 1부 6장, 아우쿠스부르크에 있는 슈바닝의 집에서 열린 축제에서 하인리히와 마틸데는 처음 만났다.

104 마틸데와의 첫 키스(7장, 8장)

105 7장 시작 부분에서 클링소르가 했던 말에 대한 암시

106 신비주의적이고 신지학적인 표상들의 영향을 추론해 볼 수 있음. 특히 독일의 신비주의 철학자 야코프 뵈메 참고

107 인간의 삶을 지상적인 세계에 묶어 놓고 있는 붕대

108 이 표현으로 하인리히의 내면의 상황, 고통스러운 죽음의 체험이 암시된다. 그것은 '클링소르 동화'에서 심정의 죽음처럼, 좀 더 높은 삶에서의 부활에 대한 전제이다.

109 마틸데가 익사한 강물

110 위안을 주는 활력, 생기

111 죽은 연인

112 나무

113 그리스도 십자가의 깨어진, 기적을 행하는 조각들에 대한 암시

114 1부 5장에 등장하는 동굴 속에서 만난 광부. 하인리히의 전생의 아버지. 따라서 소녀와 하인리히는 남매지간이다. 윤회사상의 일면을 나타낸다.

115 하인리히와 그의 아버지를 푸른꽃의 비밀 속으로 끌어들인 이방인 혹은 5장에 등장하는 고귀한 광부

116 Zyane. 단어 자체의 뜻은 푸른 색을 띤 국화의 일종이다.

117 동양의 꽃말로 평안을 암시한다. 여기서는 꽃이 전달의 부호로서 사용된다.

옮긴이의 글

『푸른꽃』은 부제이고 원제는 『하인리히 폰 오프터딩겐Hein-rich von Ofterdingen』이다. 노발리스의 본명은 게오르크 필립 프리드리히 폰 하르텐베르크로, 필명인 노발리스Novalis 는 '새로운 땅을 개척하는 자'라는 뜻이다. 노발리스는 앞 음절을 강하게 읽었다고 한다. 어린 괴테라고 불릴 정도였던 그는 분명 낭만주의의 모든 소설처럼 『빌헬름 마이스터의 수업 시대』에서 많은 것을 배웠다. 그러나 당시 엄청난 반향을 불러일으켰던 『빌헬름 마이스터의 수업 시대』를 비판하며 『푸른꽃』을 썼고, 나름 새로운 문학의 영토인 낭만주의 문학을 번성시켰다. 『푸른꽃』은 독일 소설사에서 유일무이한 위치를 차지할 정도로 큰 영향을 지니게 되었다. 아쉽게도 28세라는 어린 나이에 일찍 세상을 떠난 노발리스는 독일 문학에서 일찍부터 원숙한 경지에 이른 촉망받는 인물들 중 한 사람이다.

노발리스는 법학도이자 자연 과학자이며, 철학도였다. 염전 관청의 관리인이기도 했다. 그는 이렇게 일상적인 생활의 한 가운데서 의무에 충실하면서도 비일상적인 업무를 추진해 나갔다. 동시에 그는 완전히 정신과 동경이라는 내면적 세계 속에 살았다. 이미 젊은 시절부터 시를 써 오던 노발리스는 어린 약혼녀인 소피 폰 퀸의 죽음을 통해 진정한 시인으로 성숙하게 된다. 소피의 무덤에서 죽은 연인을 만나는 신비한 체험을 하고 나서 지상적인 장벽을 넘어 그녀와 하나가 되었다고 느낀 그는 동시에 두 세계에 살았다. 직업을 갖고, 또 새 연인인 율리 폰 카르펜티어와의 사랑에 걸맞은 인간으로서 이편 세상에 살고 있는 동시에, 또 하나의 저편 세상에, 즉 소피가 속해 있고, 고향을 의미하며, 마법적인 힘으로 끌어당기는 세상에 살고 있었다. 죽은 연인과 하나 되는 체험으로부터 자라나 그가 작가로서 남겨 놓은 작품이 <밤의 찬가>와 『자이스의 제자들』, 『성가聖歌』 그리고 『푸른꽃』이다.

　『푸른꽃』은 전대미문의 시공을 보여 주고 있는 작품이다. 그 당시처럼, 아직도 그렇고, 앞으로도 새로울 것이다. 『푸른꽃』은 여전히 메타버스라는 미증유의 우주를 항해 중이다. 이제 이 작품으로 지난 5년여에 걸쳐 번역한 『독일의 질풍노도』와 『독일 낭만주의 이

념』에 이은 장정을 끝맺고자 한다. 올해로 탄생 250주년을 맞는 노발리스와 그동안 나누었던 대화는 이 생에서 받은 가장 큰 울림 중 하나였다. 스승이신 이인웅 교수님께 이 책으로 오랜만에 안부를 여쭐 수 있게 되어 기쁘기 그지없다. 장윤기 선생님, 홍진희 작가님이 원고를 꼼꼼하게 수정하고 더 나은 번역을 위해 조언해 주셨다. 횡성에 집필실을 마련할 수 있도록 도와준 이창식, 김기환 부부에게도 고마움을 전하고 싶다. 표지를 위해 멋진 그림을 보내 준 제자 최지현 화가와의 컬래버 작업은 정녕 반갑고 정겨운 일이 아닐 수 없다. 어려운 여건에서도 작품의 출간을 쾌히 승낙해 주신 푸른씨앗 백미경 님께도 감사드린다. 이 책의 번역은 예버덩 문학의 집에서 원장이신 조명 시인의 성원과 격려 속에 이루어졌다. 이 책이 많은 사람들의 상상력을 자극하는 '파벨'이 되기를 간절히 바라 본다.

2022년 가을
예버덩 문학의 집에서

노발리스 연보

1772년 5월 오버비더슈테트에서 하르덴베르크 가문의 장남으로
        태어나다.

1788년 첫 시를 쓰다.

1789년 시와 산문 등을 번역하다.

1790년 아이스레벤 루터 김나지움에 다니다.
        예나 대학교에 등록하다.

1791년 실러와 만나다.
        첫 작품 <어떤 젊은이의 비탄>을 잡지 「신독일 메르쿠어」에
        발표하다.
        라이프치히 대학교에 등록하다.

1792년 프리드리히 슐레겔과 라이프치히에서 처음 만나다.

1793년 뷔텐베르크 대학교로 학적을 옮기다.

1794년 비텐베르크 대학교에서 법률 시험을 치르다.
        바이센펠스에서 머물다.
        텐슈테트 마을로 이주하고, 그곳에서 행정 서기로 발령을
        받다.
        텐슈테트 근교의 그뤼닝겐에서 소피 폰 퀸과 처음으로 만
        나다.

1795년 소피와 비공식적으로 약혼하다.
        피히테와 횔더를린을 예나에서 만나다.
        피히테 철학을 연구하기 시작하다.
        바이센펠스 군청의 시보로 임명되다.

1796년   바이센펠스에서 일을 시작하다.
         프리드리히 폰 슐레겔이 바이센펠스를 방문하다. 그 뒤로
         예나와 바이센펠스를 오가며 슐레겔과 만남을 이어가다.

1797년   3월 소피가 사망하다.
         라이프치히에서 자연철학자 셸링을 만나다.
         헴스테르 휴이스를 연구하기 시작하다.
         프라이베르크 광산학대학교에서 공부를 시작하다.

1798년   <이방인>을 쓰다.
         바이마르에서 아우구스트 슐레겔과 괴테를 만나다.
         예나에서 실러를 만나다.
         「아테네움」지에 노발리스라는 필명으로 <꽃가루>를 발표
         하다.
         『자이스의 형제들』 집필 시작하다.
         『신앙과 사랑』을 발표하다.
         낭만주의 철학과 시에 대한 단편적인 글들을 발표하다.
         자연 과학 공부를 시작하다.
         테플리츠에 요양차 머물다.
         장파울과 만나다.
         율리 폰 카르펜티어와 약혼하다.

1799년   바이센펠스로 돌아오다.
         예나에서 루드비히 티크와 처음으로 만나다.
         바이마르에서 괴테를 두 번째로 만나다.
         『성가』 발표하다.

슐라이어마허의 『종교에 대하여』를 연구하다.

『기독교 혹은 유럽』을 집필하기 시작하다.

예나에서 슐레겔 형제, 티크, 셸링 등의 낭만주의자들과 만나다.

『푸른꽃』 집필하기 시작하다.

1800년 『밤의 찬가』 초고 완성하다.

야코프 뵈메의 저서들을 본격적으로 연구하기 시작하다.

바이센펠스에서 티크와 만나다.

라이프치히 등 여러 지역에서 지질 조사를 하다.

『푸른꽃』과 시작품을 계속 쓰다. <사자(死者)의 노래> 완성

『밤의 찬가』가 「아테네움」지에 실리다. 건강이 악화되다.

1801년 드레스덴에서 바이센펠스로 돌아오다.

프리드리히 폰 슐레겔이 바이센펠스로 찾아오다.

3월 25일 세상을 뜨다.

1802년 『푸른꽃』 출간되다.

www.greenseed.kr 푸른씨앗 책

발도르프학교의 연극 수업
데이비드 슬론 지음, 이은서·하주현 옮김 / 308쪽 / 150X193 / 18,000원

연극은 청소년들에게 잠들어 있는 상상력을 살아 움직이게 하고, 만드는 과정에서 다른 사람과 함께 마음을 모으는 일을 배우는 예술 작업이다. 책에는 연극 수업뿐 아니라 어떤 배움을 시작하든 학생들이 수업에 몰입할 수 있도록 만들어 주는 좋은 교육 활동 73가지의 연습이 담겨 있다. 개정판에서는 역자 이은서가 쓴 연극 제작기, 『맹진사댁 경사』 대본 일부, '한국 발도르프학교에서 무대에 올린 작품 목록'을 부록으로 담았다.

배우, 말하기, 자유
피터 브리몬트 지음, 이은서·하주현 옮김 / 282쪽 / 118X175 / 15,000원

연극을 위해서 인물 분석에 몰두하기보다는 인물의 '말하기' 속에 있는 고유한 역동을 느끼고 훈련하는 것이 중요하다고 강조하고, '루돌프 슈타이너가 제안하는 6가지 기본 자세' 등 움직임에 대한 이론과, 적용을 위한 연습 30가지를 담았다. 저자가 소개하는 연습 방법에 따라 셰익스피어 작품의 주요 장면을 읽다 보면 알지 못했던 작품의 매력이 성큼 다가올 것이다.

발도르프학교의 미술 수업_1학년에서 12학년까지
마그리트 위네만·프리츠 바이트만 지음, 하주현 옮김 / 272쪽 / 188X235 / 30,000원

발도르프 교육의 중심인 예술 수업은 타고난 잠재력을 꽃 피우며 조화롭게 성장하게 하고, 꾸준히 예술 활동에 참여한 아이들은 더 창의적으로 어려운 길을 잘 헤쳐 나간다. 이 책은 슈타이너의 교육 예술 분야를 평생에 걸쳐 연구한 저자가 소개하는 발도르프 교육의 '미술 영역'에 관한 자료이다. 저학년과 중학년(1~8학년)을 위한 회화와 조소, 상급 학년(9~12학년)을 위한 흑백 드로잉과 회화에 대한 설명과 그림, 괴테의 색채론을 한 단계 더 발전시킨 루돌프 슈타이너의 색채 연구를 만나게 된다.

살아있는 지성을 키우는 발도르프학교의 공예 수업
패트리샤 리빙스턴·데이비드 미첼 지음, 하주현 옮김 / 308쪽 / 150X193 / 25,000원

발도르프학교의 공예 수업은 아주 어린 나이부터 의지를 부드럽게 깨우고 교육한다. '의지'를 일깨우는 것이 왜 중요할까? '의지'는 궁극적으로 사고와 연결된다. 공예 수업을 통해 아이들은 명확하면서 상상력이 풍부한 사고를 키울 수 있다. 30년 가까이 아이들을 만난 공예 교사의 통찰이 담긴 이 책에서 1~12학년까지 전 학년에 걸친 공예 수업의 의미와 교수 방법을 만날 수 있다.

발도르프학교의 수학 수업_수학을 배우는 진정한 이유
론 자만 지음, 하주현 옮김 / 400쪽 / 165X230 / 25,000원

아라비아 숫자보다 로마 숫자로 산술 수업을 시작하는 것이 좋다, 사칙 연산을 통해 도덕을 가르친다, 사춘기 시작과 일차 방정식은 무슨 상관이 있을까? 세상의 원리를 알고 싶어 눈을 반짝이던 아이들이 17세쯤 왜 수학에 흥미를 잃는가. 40년 동안 발도르프학교에서 수학을 가르친 저자가 수학의 재미를 찾아 주는, 통찰력 있고 유쾌한 수학 지침서. 초보 교사들도 자신 있게 수업할 수 있도록 학년별 발달에 맞는 수업을 제시하고 일상을 바탕으로 만든 수학 문제와 풍부한 예시를 실었다.

형태그리기 1~4학년
에른스트 슈베르트·로라 엠브리-스타인 지음, 하주현 옮김 / 56쪽 / 210X250 / 10,000원

'형태그리기'는 발도르프 교육만의 특징적인 과목으로 새로운 방식으로 생각하는 힘을 키우기 위해 제안되었다. 수업의 주된 목적은 지성을 건강하게, 인간적인 방식으로 육성하고 발달시키도록 하는 것이다. 배움을 시작하는 1학년부터 4학년까지 학년별 형태그리기 수업에 지침서가 되는 책이다.

발도르프학교의 형태그리기 수업 (특별판, 공책 포함)
한스 루돌프 니더호이저·마가렛 프로리히 지음, 푸른씨앗 옮김 / 100쪽 / 210X250 / 15,000원

1부는 발도르프학교 교사였던 저자의 수업 경험, 형태그리기와 기하학의 관계, 생명력과 감각, 도덕성과 사고 능력을 강하게 자극하는 형태그리기 수업의 효과에 대해 설명한다. 2부는 형태그리기 수업에서 주의할 점과 루돌프 슈타이너가 제안한 형태의 원리와 의미를 수업에 녹여 내는 방법과 사례를 실었다. 특별판에는 실 제본으로 제작한 연습 공책을 세트로 구성하였다.

맨손기하_형태그리기에서 기하 작도로
에른스트 슈베르트 지음, 푸른씨앗 옮김 / 104쪽 / 210X250 / 15,000원

최초의 발도르프학교 학생이자 수십 년 동안 교사 경험을 한 저자는 발도르프학교 담임 교사를 위한 8권의 책(기하 4권, 수학 4권)을 집필하였으며, 현대 수학 교육에서 소홀히 다루고 있는 기하 수업의 중요성을 일깨우기 위해 애쓰고 있다. 3차원 공간을 파악하기 시작하는 4~5학년에서 원, 삼각형, 사각형 등 형태의 특징을 알고 비교하며, 서로 어떤 관계가 존재하는지 찾는 방식을 배운다.

청소년을 위한 발도르프학교의 문학 수업_자아를 향한 여정
데이비드 슬론 지음, 하주현 옮김 / 288쪽 / 150X192 / 20,000원

첨단 기술로 인해 많은 것이 완전히 달라졌다고 생각하지만 청소년들의 내면은 30년 전이나 지금이나 본질적으로 별로 달라지지 않았다. 청소년기에 내면에서 죽어 가는 것은 무엇인가? 태어나고 있는 것은 무엇인가? 9학년부터 12학년까지 극적인 의식 변화의 특징을 소개하며, 사춘기의 고뇌와 소외감에서 벗어나 자아 탐색의 여정에 들어설 수 있도록 힘을 주는 문학 작품을 소개한다.

투쟁과 승리의 별 코페르니쿠스
하인츠 슈폰젤 지음, 정홍섭 옮김 / 236쪽 / 140X200 / 12,000원

교회의 오래된 우주관과 경직된 천문학에 맞서 혁명을 실현한 인물, 코페르니쿠스의 전기 소설. 천문학의 배움과 연구의 과정을 중심으로, 어린 시절부터 필생의 역작『천체의 회전에 관하여』를 쓰기까지 70년에 걸친 삶의 역정을 사실적으로 묘사한다. 15세기의 유럽 모습이 담긴 지도와 삽화, 발도르프학교 7학년 아이들의 천문학 수업 공책 그림이 아름답게 수놓아져 있다.

파르치팔과 성배 찾기
찰스 코박스 지음, 정홍섭 옮김 / 232쪽 / 150X220 / 14,000원

18살 시절 나는 무엇을 하고 있었나? 내가 누구인지, 이 세상에서 해야 할 일이 무엇인지 알고자 나는 무엇을 하고 있었던가? 1960년대 중반 에든버러의 발도르프학교에서, 자아가 완성되어 가는 길목의 학생들에게 한 교사가 진행한 '파르치팔' 이야기를 상급 아이들을 위한 문학 수업으로 재현한 이야기이다. 파르치팔이 성배를 찾기 위해 자신과 싸워 나가는 이 이야기는 시대를 초월해 우리 자신에게 보편적 시대정신으로 다가와 현 시대 성배를 찾아나서도록 자신과 마주서게 한다.

8년간의 교실 여행_발도르프학교 이야기
토린 M. 핀서 지음, 청계자유발도르프학교 옮김 / 264쪽 / 150X220 / 14,000원

담임 과정 8년 동안 교사와 아이들이 함께 성장한 과정을 담은 감동 에세이. 한국의 첫 발도르프학교를 시작하며 함께 공부하고 만든 책. 학교가 나아가는 길목에서 아이들과 함께 변화를 꿈꾸는 모든 분과 함께 나누고자 한다.

오드리 맥앨런의 도움수업 이해
욥 에켄붐 지음, 하주현 옮김 / 334쪽 / 150X193 / 25,000원

학습에 어려움을 겪는 아이들을 돕는 일에 평생을 바친 영국의 발도르프 교사 오드리 맥앨런이 펴낸 『도움수업The Extra Lesson』의 개념 이해를 돕는 책이다. 저자 욥 에켄붐은 오드리 맥앨런과 오랫동안 도움수업을 연구하며 주고받은 문답과 물려받은 자료들에서 중요한 내용만 추려 내어, 도움수업의 토대가 되는 인지학의 개념과 출처를 소개하고 있다. 또한 발도르프학교에서 일하면서 도움수업 연습을 수업에 활용하고 연구한 경험도 함께 녹여 넣었다.

첫 7년 그림
잉거 브로흐만 지음, 심희섭 옮김 / 248쪽 / 118X175 / 18,000원

태어나서 첫 7년 동안 아이들이 그리는 그림 속에는 생명력의 영향 아래 형성된 자신의 신체 기관과 그 발달이 숨겨져 있다. 아울러 그림에 묘사된 이갈이, 병, 통증의 징후도 발견할 수 있다. 덴마크 출신의 발도르프 교육자인 저자는 이 책에서 양육자와 교사에게 사전 지식이나 전제 없이도 아이들의 그림 속 비밀을 알아볼 수 있도록 풍부한 자료를 함께 구성하였다.

마음에 힘을 주는 치유동화_만들기와 들려주기
수잔 페로우 지음, 하주현 옮김 / 424쪽 / 150X220 / 20,000원

'문제' 행동을 '바람직한' 행동으로 변형시키는 이야기의 힘. 골치 아픈 행동을 하는 아이들에서부터 이사, 이혼, 죽음까지 특정한 상황에 놓여 있는 아이들에게 논리적인 설득이나 무서운 훈육보다 이야기의 힘이 더 강력하다. 가정 생활과 교육 현장에서 효과를 거둔 주옥 같은 85편의 동화와 이야기의 만들기와 들려주기 연습을 소개한다.

발도르프 킨더가르텐의 봄여름가을겨울
이미애 지음 / 248쪽 / 150X220 / 18,000원

17년간 발도르프 유아 교육 기관을 운영해 온 저자가 '발도르프킨더가르텐'의 사계절을 생생한 사진과 함께 엮어 냈다. 한국의 자연과 리듬에 맞는 동화와 라이겐(리듬적인 놀이) 시, 모둠 놀이, 습식 수채화, 손동작, 아이들과 함께 하는 성탄 동극 등 발도르프 킨더가르텐의 생활을 자세히 소개하며 관련 자료도 풍부하게 실었다. (악보 47개 수록)

12감각

알베르트 수스만 지음, 서유경 옮김 / 392쪽 / 155X200 / 28,000원 / 양장본

인간의 감각을 신체, 영혼, 정신 감각으로 나누고 12감각으로 분류한 루돌프 슈타이너의 감각론을 네덜란드 의사인 알베르트 수스만이 쉽게 설명한 6일 간의 강의. 감각을 건강하게 발달시키지 못한 오늘날 아이들과 다른 형태의 고통과 알 수 없는 어려움에 시달리고 있는 어른을 위해, 신비로운 12개 감각기관의 의미를 자세히 설명한 이 책에서 해답을 찾고자 하는 독자들이 더욱 많아지고 있다.

인생의 씨실과 날실

베티 스텔리 지음, 하주현 옮김 / 336쪽 / 150X193 / 25,000원

너의 참모습이 아닌 다른 존재가 되려고 애쓰지 마라. 한 인간의 개성을 구성하는 요소인 4가지 기질, 영혼 특성, 영혼 원형을 이해하고 인생 주기에서 나만의 문명으로 직조하는 방법을 모색해 본다. 미국 발도르프 교육 기관에서 30년 넘게 아이들을 만나온 저자의 베스트셀러. "타고난 재능과 과제, 삶을 대하는 태도, 세상을 바라보는 눈은 우리도 깨닫지 못하는 사이에 인생에서 씨실과 날실이 되어 독특한 문양을 만들어 낸다."_책 속에서

우주의 언어 기하_기본 작도 연습

존 알렌 지음, 푸른씨앗 옮김 / 104쪽 / 210X250 / 18,000원

시간이 흘러도 변치 않는 아름다운 공예, 디자인, 건축물을 들여다보면 그 속에는 기하가 숨어 있다. 계절마다 변하는 자연 속에는 대칭이 있고, 세계적으로 유명한 프랑스 샤르트르 노트르담 대성당의 미로 한 가운데 있는 정십삼각별 등이 있다. 컴퓨터가 아닌 손으로 하는 2차원 기하 작도 연습으로, 형태 개념의 근원을 경험하고 느낀다.

백신과 자가 면역

토마스 코완 지음, 김윤근·이동민 옮김 / 136X210 / 15,000원

건강을 위해 접종하는 백신이 오히려 만성적인 자가 면역 질환을 유발할 수 있다면? 많은 경우에 큰 문제를 일으키지 않고 주로 급성이었던 아동기 질환이, 백신이 개입하면서 평생 안고 살아가야 하는 만성적인 자가 면역 질환으로 그 성격이 변하고 있다. 토마스 코완 박사는 이러한 백신과 자가 면역, 그리고 아동기 질환의 연관성에 대해 수십 년에 걸쳐 연구한 내용을 정리하고 코완식 자가 면역 치료법을 소개한다.

내 삶의 발자취

루돌프 슈타이너 저술, 최혜경 옮김 / 760쪽 / 127X188 / 35,000원 / 양장본

루돌프 슈타이너가 직접 어린 시절부터 1907년까지 인생 노정을 돌아본 글. <인지학 협회>가 급속도로 성장하자 기이한 소문이 돌기 시작하고 상황을 염려스럽게 본 측근들 요구에 따라 주간지에 자서전 형식으로 78회에 걸쳐 연재하였다. 인지학적 정신과학의 연구 방법이 어떻게 생겨나 완성되어 가는지 과정을 파악하는 데 중요한 자료이다.

인간 자아 인식으로 가는 하나의 길

루돌프 슈타이너 저술, 최혜경 옮김 / 134쪽 / 127X188 / 14,000원

인간 본질에 관한 정신과학적 인식, 8단계 명상. 『고차세계의 인식으로 가는 길』의 보충이며 확장이다. "이 책을 읽는 자체가 내적으로 진정한 영혼 노동을 하도록 만든다. 그리고 이 영혼 노동은 정신세계를 진실하게 관조하도록 만드는 영혼 유랑을 떠나지 않고는 견딜 수 없는 상태로 차츰차츰 바뀐다."_책 속에서

신지학 : 초감각적 세계 인식과 인간 규정성에 관하여

루돌프 슈타이너 저술, 최혜경 옮김 / 304쪽 / 127X188 / 20,000원

1904년 초판. 인지학 기본서로 꼽힌다. "이렇게 인간은 세 가지 세계의 시민이다. 신체를 통해 지각하는 세계에 자신의 신체를 통해서 속한다. 인간은 영혼을 통해서 자신의 세계를 구축한다. 이 두 세계를 초월하는 세계가 인간에게 정신을 통해서 드러난다. 감각에 드러나는 것만 인정하는 사람은 이 설명을 본질이 없는 공상에서 나온 창작으로 여길 것이다. 하지만 감각 세계를 벗어나는 길을 찾는 사람은, 인간 삶이 다른 세계를 인식할 때만 가치와 의미를 얻는다는 것을 머지않아 이해하도록 배운다."_책 속에서

죽음, 이는 곧 삶의 변화이니!

루돌프 슈타이너 강의, 최혜경 옮김 / 105X148 / 18,000원 (3권 세트)

세계 대전이 막바지에 접어든 1917년 11월부터 1918년 10월까지 루돌프 슈타이너가 독일과 스위스에서 펼친 오늘날 현실과 직결되는 주옥같은 강의. 근대에 들어 인류는 정신세계에 대한 구체적인 관계를 완전히 잃어버렸지만, 어떻게 정신세계가 여전히 인간 사회에 영향을 미치는지를 보여 준다.

- 천사는 우리의 아스트랄체 속에서 무엇을 하는가? (90쪽)
- 어떻게 그리스도를 발견하는가? (108쪽)
- 죽음, 이는 곧 삶의 변화이니! (90쪽)

꿀벌과 인간

루돌프 슈타이너 강의, **최혜경** 옮김 / 233쪽 / 148X210 / 20,000원

괴테아눔 건축 노동자를 위한 강의 중 '꿀벌' 주제에 관한 강의 9편 모음. 양봉가의 질문으로 시작되는 이 강의록에서 노동자들의 거침없는 질문에 답하는 루돌프 슈타이너를 만난다. 꿀벌과 같은 곤충과 인간과 세계의 연관성을 설명하고, 이 연관성을 간과하고 양봉과 농업이 수익성만 중시한다면 미래에 어떤 일이 일어날 수 있는지 경고한다.

7~14세를 위한 교육 예술

루돌프 슈타이너 강의, **최혜경** 옮김 / 280쪽 / 127X188 / 20,000원

슈타이너의 생애 마지막 교육 강의이다. 슈타이너는 최초의 발도르프학교 전반을 조망한 경험을 바탕으로, 7~14세 아이의 극적 변화에 맞춘 혁신적 수업 방법을 생생한 예시를 통해 제시하고, 다양한 방법으로 교육 예술의 개념을 발전시켰다. 전 세계 발도르프 교사들의 필독서로, 발도르프 교육에 대한 최고의 소개서로 사랑받고 있다.

발도르프학교의 아이 관찰

_6가지 체질 유형/학교 보건 문제에 관한 루돌프 슈타이너와 교사 간의 논의

미하엘라 글렉클러 강의, 하주현·**최혜경** 옮김 / 188쪽 / 105X148 / 12,000원

괴테아눔 의학분과 수석인 미하엘라 글렉클러가 전 세계 발도르프 교사, 의사, 치료사들을 대상으로, 자아가 세상과 어떤 관계를 맺는지, 그 특성과 타고난 힘에 따라 학령기 아이들이 갖는 6가지 체질 유형을 소개하고, 아이를 관찰하는 방법과 교육, 의학적 측면에서 치유 방법을 제시한 강의록이다. 증보판에서는 이 강의의 바탕이 되는, 최초의 발도르프학교 슈투트가르트에서 진행된 루돌프 슈타이너와 교사회 간의 논의 기록을 추가하였다.

생명역동농법이란 무엇인가?

니콜라이 푹스 지음, 장은심 옮김 / 96쪽 / 105X148 / 9,000원

유기농, 무농약 이상의 가치로 땅의 쇠퇴에 맞서는 생명역동농법은 시들어 가는 땅에 생명력과 재생의 힘을 회복시키는 농법으로, 1924년 루돌프 슈타이너가 주창한 이래로 전 세계 50여 개 나라의 농민이 가입한 국제데메터Demeter 협회를 통해 확산되고 있다. 작물의 영양소를 되살리는 미래 농법인 생명역동농법의 핵심 내용과 궁금증, 적용 사례 등을 쉽게 설명하였다.

재생 종이로 만든 책

푸른 씨앗의 책은 재생 종이에 콩기름 잉크로 인쇄합니다.
겉지- 한솔 인스퍼 에코 / 210g/m2
속지- 전주페이퍼 Green-Light 80g/m2
인쇄- (주) 도담프린팅 | 031-945-8894
본문 글꼴_ 윤서체_윤명조700 10.3 Pt
책크기 _ 140X210